Inge Welzig
Meine sieben Leben

INGE WELZIG
Meine sieben Leben

MENSCHLICHE BEGEGNUNGEN UND TIERISCHE ERLEBNISSE

TYROLIA-VERLAG · INNSBRUCK-WIEN

Inhaltsverzeichnis

Vorwort 9
Einleitung 11

Kindheit in Salzburg 13
Start in ein ungewöhnliches Leben 14
Rückkehr nach Maxglan 17
Lebensmittel 23
Erziehungshelfer Angst 26
Volksschulalter 30
Stollwerck und die Versuchung 32
Kindliches Geldverdienen 33
Der Millionengewinn 39
Sogenannte Aufklärung 41
Ungarnaufstand 43
Unfall beim Turnen im Gymnasium 44

Übersiedlung nach Badgastein mit Schulwechsel 47
Gymnasium St. Johann im Pongau 48
Sieg im Redewettbewerb mit Einladung zur UNO 49
Eisriesenwelt 53
Ferien 57
Drogisten-Lehre in Badgastein 60
Bergnot beim Riemannhaus 64

Abenteuer Marseille mit Schutzengel 67
Naive Planung 68
Avignon und das Bordell 70

Saint-Tropez 71

Rettung durch Polizei 72

Braunschweig 77

Drogistenakademie 78

Narrenfreiheit bei der Polizei 79

Unfug im Labor 82

Ost-Berlin 84

Schiberaterin bei Karstadt 87

Triglav 90

Frankreich 91

Abenteuerliche Fahrt zum Ball nach München 92

Ein Schikurs, der mein Leben verändert hat 95

Schneesturm in den Radstädter Tauern. 96

Schilehrerin 98

Schah von Persien 99

Gästebetreuung, nicht nur im Haus Inge 101

Segellehrerprüfung für Schilehrer 105

A-Schein am Wörthersee 106

Unglücklich verliebt 109

Ein Schnaps an der Schneebar am 1. April 111

Motivierung von Schischülern zum Törn in der Ostsee . . 115

Mittelmeer und Kriegsschiff 120

Letzter Winter als Schilehrerin 124

Sommer in Zell am See 126

Bis über beide Ohren verliebt 128

**Übersiedlung nach Tirol, Achensee, Hausbau
und zwei Kinder** 129
Erste Erlebnisse 130
Arbeitssuche und Hochzeit 130
Im kalten Wasser 131
Schwangerschaft und „Haller Trampel" 132
Erster Polizei-Kontakt 134
Hausbau in Rum 135
Olympische Winterspiele 1976 139
Erstes Baby zu Baubeginn, zweites bei Bauende 140
Roland, der Beliebte 144
Babsi, die Schüchterne 147
Mutter, Schwiegermutter und Schwester 150
Enttäuschender Urlaub 151

Segelclub Achensee als sommerliches Zuhause 155
Kindersegeln 156
Die „Antn" (Dialekt für Ente) 160
Segellager Simssee mit 15 Kindern 161
Schüleraustausch Gymnasium Angerzellgasse 165
Igelrettung – das große „Hobby" 167
Beide Kinder in der HTL 173

Veränderungen und Neustart 177
Neuer Lebensweg 178
Tierschutzverein im Alten Landhaus 181
Kleiner Auszug von vielen gelösten Einzelfällen 185

Brauchtum ohne Tierschutz 191

Schleicherlaufen und Hundewürste 192

Widderstoßen 194

Singvogelfang 197

Tollwut 198

Bei der EU in Brüssel 199

Erfahrungen aus der Praxis 203

Eine Forderung von Millionen Schilling 204

Karin und Piri 205

Zips 206

Ungewöhnliche Tier-Erlebnisse 207

Eine alte Frau überrumpelt mich 212

Schneesturm in Radfeld 214

Ein Hund will nicht aus dem Auto 215

Tiertransporte und Fahrten zur Beobachtung 217

Fohlentransport – ich wurde ausgesetzt 219

Polizei und Einbruch 223

Spontane Tierschützerinnen 224

Tierheimbauten und Ideen für deren Finanzierung 227

Bau Reutte 228

2001 Tierheimbau 232

Erfüllung eines Traumes 240

Weiterer Ausbau 2013 241

Tierheim Wörgl 243

Katzenheim Schwaz 2010 246

Vernissagen und Theaterstücke 249

Schloss Friedberg 250

Bilder, gemalt von Promis 252

Theater 254

Ehrungen 255

Generationswechsel 258

Private Tierhaltung 261

Strolchi und andere Tiere 262

Gedankenübertragung 267

Vorsatz gebrochen 268

Unerklärliches in meinem Leben 274

Ehrenamtliche Hospizarbeit 276

Neue Kontakte und neue Aufgaben 279

Durch das Segeln zum Kirchenchor 284

Gabi 285

Serpentinen gehören zu meinem Leben 288

Dank an mein Leben 292

Noch habe ich spezielle Wünsche: 295

Tierisches Register 297

Vorwort

Inge Welzig erzählt in ihrem Buch „Meine sieben Leben" unterhaltsam, spannend und berührend aus ihrem abenteuerlichen Leben. Sie schreibt nicht nur von ihrer großen Liebe zu den Tieren, sondern nimmt ihre Leser gleichzeitig mit auf eine interessante Zeitreise von der Nachkriegszeit Österreichs bis heute. Inge kenne ich schon seit vielen Jahren; wir haben uns bei einem meiner Benefizkonzerte zugunsten des Tierschutzvereins für Tirol kennengelernt und uns sofort unglaublich gut verstanden. Mit ihrer fröhlichen, bescheidenen und unkomplizierten Art ist sie eine echte Freundin für mich geworden. Wo immer sie hört, dass Tiere in Not sind, ist Inge schnell zur Stelle und selbstlos zu jedem Einsatz bereit. Auf sie ist einfach Verlass, gerade wenn sie gebraucht wird – zum Beispiel bei der Abschaffung des grausamen Widderstoßens im Zillertal oder beim Bau von fünf Tierheimen in Tirol. Aber auch ihr Engagement für Mitmenschen ist bewundernswert und vorbildlich: So arbeitet sie ehrenamtlich im Hospiz oder spielt regelmäßig Mundharmonika im Altersheim. Was ihr die Kraft dazu gibt, ist ihr Glaube und ihr Gottvertrauen. Inge ist eine absolute Idealistin für Mensch und Tier. Auch bereit, ihre feste Überzeugung zu vertreten, vor allem, wenn ein Unrecht geschieht. Ich habe sie auch immer offen für neue Ideen erlebt; sie kann nur dann ungeduldig werden, wenn die Umsetzung zu lange dauert. Auf jeden Fall hat Inge ein großes Herz und ist eine unbeirrbare Optimistin mit großem Improvisationstalent. Wenn Sie sich gerade überlegen, dieses Buch zu kaufen – dann kann ich es Ihnen wärmstens empfehlen. Wenn Sie es bereits gekauft haben – dann kann ich Sie nur beglückwünschen und Ihnen jetzt viel Freude bei der Lektüre wünschen!

Eva Lind

Einleitung

Ich habe lange gezögert, dieses Buch zu schreiben. Wer aus der Tageszeitung meine „Tierecke" kennt, erwartet vermutlich auch diesmal nur Heiterkeit. Ich kann diese Erwartung in vielen Teilen erfüllen, denn bei der Vorbereitung zu diesem Buch habe ich gemerkt, wie viel Positives, wie viel Verrücktes und wie viel Einmaliges ich erleben durfte.

Begleitet wurde ich ein Leben lang von Katzen, weshalb ich vermutlich deren Fähigkeit für mindestens sieben Leben übernommen habe. Ohne Schutzengel hätte es trotzdem nicht funktioniert, denn zu leichtsinnig geriet ich immer wieder in Gefahr.

Dieses Buch wurde bewusst ohne Schönfärberei geschrieben, was Sie als Leser mit Sicherheit spüren werden. So mancher Bericht aus meiner Jugend darf nachdenklich machen und später meine Dankbarkeit darüber vermitteln, dass sich so vieles zum Besseren gewendet hat.

Ich bin 1944, im letzten Kriegsjahr, geboren und erkenne erst jetzt, wie sehr die Kindheit einen Menschen prägt. Im Rückblick wird mir klar, wie schnell sich das Rad der Zeit gedreht hat. Wie wird die immer rasanter werdende Änderung der Gesellschaft auf uns in Zukunft einwirken? Wird das, was ich jetzt schreibe, der nächsten Generation so vorkommen, als würden dazwischen hunderte Jahre liegen?

Egal, wie sich die Zeitspirale dreht. Es wird immer wieder Möglichkeiten geben, großartigen Menschen zu begegnen, wie auch ich es erleben durfte. Diese Erinnerungen verschaffen mir beim Schreiben nicht nur Dankbarkeit, sondern oft genug ein vergnügtes Lächeln. Ein großes Kompliment an alle, die mich in meinen Höhen und Tiefen ein Stück des Weges begleitet und dabei ausgehalten haben.

KINDHEIT IN SALZBURG

Start in ein ungewöhnliches Leben

Kompliziert war schon die Zeit vor meiner Geburt. Mein Vater aus Salzburg, Dipl.-Ing. Josef Reischl, war im Zweiten Weltkrieg im Landwirtschaftsministerium in Wien für den Kartoffelanbau zuständig. Als er gegen Ende des Krieges eingezogen wurde, lernte er auf der Strecke durch das Gebiet bei Leipzig meine Mutter Ingeborg kennen. Bei einem späteren Fronturlaub trafen sich die beiden in Salzburg und gaben sich am Standesamt im Schloss Mirabell das Jawort, was nur wenig später zu meiner Entstehung führte. Trotzdem wurde ich in Wien geboren, da die Dienstwohnung noch zur Verfügung stand. Drei Monate nach meiner Geburt hatte mein Vater noch einmal Fronturlaub, was neun Monate später meinen Bruder Rupert zur Folge hatte. Gleich darauf galt mein Vater als vermisst und ist später in Gefangenschaft gestorben, womit statt der geplanten Großfamilie mit zehn Kindern eine Witwe mit zwei Kindern zurückblieb.

Wegen der finanziellen Sorgen und des Nahrungsmangels entschloss sich meine Mutter trotz der überfüllten Züge zur Reise von Wien in ihr Elternhaus nach Brandis bei Leipzig. Im Gedränge am Bahnhof wurde der sichtbar schwangeren Frau beim Tragen des Koffers geholfen und das Baby durch irgendein Fenster in den Zug gereicht. Etliche Waggons weiter schaffte es meine Mutter gerade noch, selbst in den Zug hineinzukommen. Wie sie es nervlich durchgehalten hat, dass ich – erst einige Monate alt – dreißig Stunden lang in diesem Menschenpulk nicht aufzufinden war, weiß ich nicht. Ich selbst habe es sicher besser gehabt. Vermutlich durfte ich in den Armen eines unbekannten Soldaten ein ganzes Abteil zur Verzweiflung bringen. Dass ich zeitweilig nach Nahrung gebrüllt habe, war kaum vermeidbar. Jedoch sah ich im niedlichen Steckkissen sicher umwerfend aus und der Soldat hat

Nach der
standesamt-
lichen Heirat
die Freude
im eigenen
Garten

mich anstatt mit einem Schnuller mit Brot zum Kauen irgendwann zum Schweigen gebracht. Der Mann muss ein unglaubliches Gottvertrauen gehabt haben, mich auch wieder loszuwerden. Anscheinend gab es im vollgestopften Zug wenigstens eine
mündliche Weitergabe von Informationen, jedenfalls wurde ich
in Leipzig via Fenster aus dem Zug gereicht.

Heute wurde uns ein gesundes
Mädel geboren. In dankbarer Freude
geben diese Nachricht:

Ingeborg Reischl,
geb. Meyer-Rottewald

Josef Reischl,
z. Z. bei der Luftwaffe

Wien, 22. Februar 1944
XIX/117, Heiligenstädterstraße 95, I. Stock

... neun
Monate
später

15

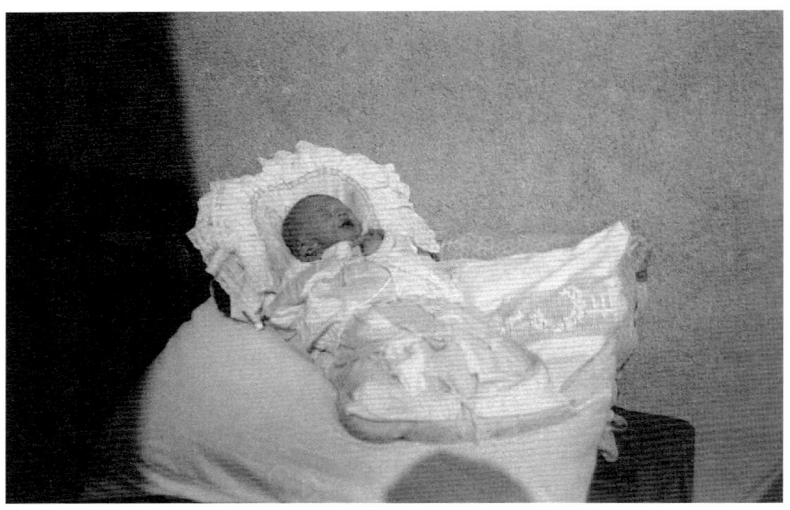

Während der Geburt meines Bruders in einem Krankenhaus nahe Leipzig ertönte ein Fliegeralarm, weshalb ganze Stationen in die Luftschutzkeller evakuiert wurden. Als meiner Mutter später ein Säugling an die Brust gelegt wurde, protestierte sie heftig, da dies nicht ihr Kind war. Bald stellte sich heraus, dass gleichzeitig eine Frau mit dem ähnlichen Namen „Reicho" einen Buben geboren hatte, während unser Familienname Reischl war. Das Missverständnis konnte aufgeklärt werden und so habe ich doch noch den richtigen Bruder bekommen.

Nach einigen Wochen entstand die Sorge, dass mein Vater bei einer Heimkehr nach Salzburg seine Familie nicht vorfinden würde, weshalb sich meine Mutter auf den 600 Kilometer weiten Heimweg machte. Mit mir im Rucksack und meinem Bruder in der Tasche war sie vorerst zu Fuß unterwegs, wobei ihr am Beginn der Reise von russischen Soldaten nachgeschossen wurde. Teilweise gelang ihr das Weiterkommen per Autostopp – eigentlich war es ein LKW-Stopp. Vermutlich waren das Fahrzeuge der Amerikaner.

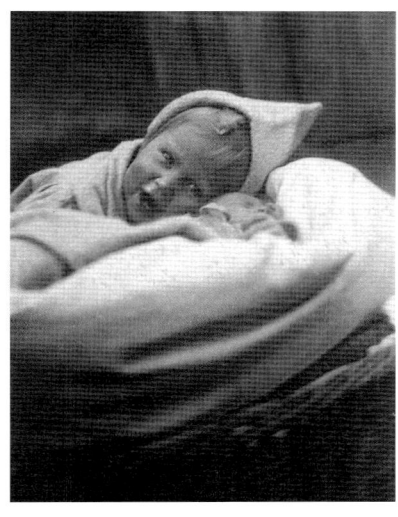

Linke Seite: 48 Stunden lang vermisst.

Rechte Seite: Noch ohne Eifersucht auf den Bruder

Rückkehr nach Maxglan

Knapp vor Kriegsende waren wir drei zurück in Salzburg und wurden vorerst in einem Kloster bei Hallein untergebracht. Aus dieser Zeit stammt meine älteste Erinnerung. Ich kann keine zwei Jahre alt gewesen sein, weil wir nicht länger dort waren. Es gab ein Zimmer, vor dessen Fenster ein Tisch stand. Der Tisch hatte eine Schublade und darin befand sich mein Schnuller. Die Lade war oft einige Zentimeter geöffnet. Wenn ich mir den Schnuller holen wollte, konnte ich diesen erreichen, indem ich mich auf die Zehenspitzen stellte, die Hand hinaufstreckte und mein kostbares Eigentum im wahrsten Sinne seinem „mündlichen" Zweck zuführte.

Meiner Mutter habe ich oft von dieser Erinnerung erzählt. Sie konnte das kaum glauben und als ich zehn Jahre alt war, fuhr sie mit mir ins Kloster bei Hallein, ohne mir den Grund zu sagen. Ich habe sofort das Zimmer erkannt, zumal es den alten Tisch noch gab. Die noch dort wohnende, einfache Frau war fasziniert und sagte mir mit meinen zehn Jahren eine große Zukunft voraus. Das hat sich erfüllt, ich wurde tatsächlich 172 cm groß.

Diese Frau erinnerte sich noch an etwas anderes: Ebenfalls in dieses Kloster evakuiert worden war die Gattin des damals 35 Jahre alten Rechtsanwaltsanwärters Dr. Josef Klaus. Er wurde einige Zeit später Landeshauptmann von Salzburg und war dann, nach weiteren Jahren im Nationalrat, von 1964 bis 1970 Bundeskanzler. Sein Sekretär: der spätere Bundespräsident Dr. Thomas Klestil. Sonderbehandlung gab es im Kloster keine, jeder musste schauen, dass er mit den Lebensmittelmarken auskam.

Die kurze Beziehung zwischen Familie Klaus und meiner Mutter entstand durch Muttermilch. Mein Bruder Rupert war einige Monate alt und meine Mutter konnte ihm nur sehr wenig Milch geben. Die Gattin von Dr. Klaus hatte ebenfalls ein Baby und produzierte für die kleine Hildegard mehr Muttermilch als benötigt. Öfters lag dann Rupert an der fremden Brust. Ich habe nicht den Eindruck, dass dadurch ein politischer Ehrgeiz entstanden ist. Zumal sich die Wege trennten, nachdem die Evakuierung aufgehoben wurde und wir nach Salzburg-Maxglan übersiedelten. (Wie hat die damalige Generation nach dem Krieg ohne Auto und ohne Telefon das immer geschafft?)

Eine andere Erinnerung aus dem Jahr 1947 ist mit einem Foto dokumentiert, welches noch heute in meinem Schlafzimmer hängt. Natürlich hatten wir keine Kamera und niemanden, der einmal ein Foto gemacht hätte. Für meinen vermissten Vater, von dessen Tod meine Mutter noch nichts wusste, ging sie an meinem dritten Geburtstag zu einem Fotografen, der mir gleich zwei Puppen in die Arme drückte. Der zwei Jahre alte Rupert bekam einen Ball und einen Teddybären. Dann verschwand der Fotograf hinter einem schwarzen Tuch und gab vermutlich das Kommando, zu

Mein dritter Geburtstag

lächeln. Im späteren Ergebnis hat das nur meine Mutter geschafft, wir Kinder schauen am Foto sehr misstrauisch drein. Wobei meine Erinnerung mit einer Empörung endet. Der Mann, der hinter dem schwarzen Tuch gewesen war, kam wieder heraus und nahm mir die beiden Puppen einfach wieder weg! Damals erkannte ich, dass man manchen Männern, die ein Lächeln wollen, nur mit Vorsicht begegnen sollte.

In die Zeit danach dürfte meine erste bewusste Eifersucht fallen. Mein Bruder saß noch im Kinderwagen und ich ging an der rechten Hand meiner Mutter auf dem Müllner Steg über die Salzach. Der Steg war damals noch mit Brettern belegt und dazwischen waren die üblichen Fugen von wenigen Zentimetern. Ich hatte panische Angst, durch diese Spalten zu fallen, und erinnere mich genau an die an meine Mutter gedanklich gerichteten Worte: „Siehst du, der Rupert darf im Kinderwagen sitzen und ich soll hier dazwischen durchfallen." Ich verdächtigte meine Mutter tatsächlich, mich loswerden zu wollen, obwohl sie die Aufopferung in Person war.

In unserem Haus in Salzburg-Maxglan versuchte meine Mutter, den feuchten Keller einigermaßen bewohnbar zu machen. Die beiden Wohnungen im Erdgeschoß und im ersten Stock waren durch eine Familie und ein Ehepaar besetzt. Mit Hilfe des Jugendamtes gelang es einige Jahre später, die im Obergeschoß belegte Wohnung mittels einer Wand aus Heraklit zu teilen, wodurch wir in diese halbe Dachbodenwohnung einziehen konnten. Das Haus hatte meine Großmutter, die damals schon tot war, erbauen lassen. Sie hatte eine Zimmerei besessen, weshalb die Wände im Obergeschoß innen und außen aus Holzplatten bestanden. Die Zwischenräume waren mit Sägespänen bis zum Dach aufgefüllt worden. Eine gute Isolierung, die sich aber in den Jahrzehnten gesetzt hatte und nun nur noch in einer Höhe von einem Meter vorhanden war. Rupert und ich fanden es lustig, bei Astlöchern und Fugen ins Freie schauen zu können. Außerdem ließen sich einige Löcher für kleinen Abfall verwenden, was vermutlich an einigen Stellen mit der Zeit eine neue Art von Isolierung ergab, aber den Wirkungsgrad des Kachelofens trotzdem nicht erhöhte.

Geschlafen haben wir im „Kammerl", in dem es kein Fenster gab. Es war ja nur ein kleiner Abstellraum mit schräger Wand. Zum Küchengang hin gab es einen Vorhang. In Erinnerung sind mir besonders die abendlichen „Turnstunden", um die vielen Mücken zu vernichten. Damals waren Mücken noch so freundlich, sich sichtbar auf den weißen Wänden aufzuhalten. Surrt heute eine davon nachts um meinen Kopf, so kann ich sie beim Einschalten des Lichts nie finden. Im Vergleich zur damaligen Menge dieser Quälgeister vermute ich heute, dass die Mücken vom Aussterben bedroht sein müssen.

Dieser Krippe entnahmen mein Bruder und ich in der Weihnachtszeit die Figuren zum Spielen. Das Besondere ist der obere Schrank mit Mariä Verkündigung, für die am 8. Dezember die Türen aufgingen, während das Christkind noch warten musste.

Vom Küchengang aus konnte man mittels Leiter eine Dachluke öffnen, was uns strengstens verboten war. Wir wussten ja nicht, dass dort oben immer die gleichen Weihnachtsgeschenke lagen, die wir jedes Jahr unterm Christbaum vorfanden und die am sechsten Jänner von den Engeln wieder abgeholt wurden, damit wir im Jahr darauf wieder mit ihnen spielen konnten. Wie es auch heute noch verbreitet der Fall ist, durften wir einen Brief ans Christkind schreiben und den dann ins Fenster zur Abholung durch den Weihnachtsengel legen. Wir wussten, dass nicht alle Wünsche erfüllbar waren. So lautete eigentlich jeder Brief von mir über Jahre gleich:

„Liebes Christkind! Bitte bringe mir auch heuer wieder das Puppenhaus mit der Puppenstube und der Puppenküche. Meine Puppe wünscht sich ein neues Kleid. Das Weihnachtsbuch, Kekse und der Christbaum sind auch sehr wichtig. Die Krippe gehört dazu, weil drinnen Tiere sind, die wir zum Spielen brauchen." Diese Krippenspiele waren ein Nachstellen von Indianerschlachten oder Szenen am Bauernhof.

Ein Weihnachtsfest meiner Kindheit fiel aus dem Rahmen. In einer Zeit, in der unter dem Christbaum nicht ein Berg von Paketen lag, war es noch üblich, auch ein ersehntes Tier zu schenken. So wünschten wir Kinder uns schon lange eine Katze. In der Nachbarschaft gab es einen Friseurladen, dessen Besitzer Katzennachwuchs hatte. Lange davor hatte meine Mutter ausgemacht, dass sie ein schwarzes Kätzchen am Heiligen Abend holen würde. Alles ging gut, die Freude war so unermesslich, dass der wegen der Kletterkünste des Kätzchens umgestürzte Christbaum keine Rolle spielte. Plötzlich begann es im Wohnzimmer fürchterlich zu stinken. Wir waren überzeugt davon, dass Peterle das Kistchen verschmäht und sein Häufchen an einem unerwünschten Ort hinterlassen hatte. Auf die Idee, dass die Gaswolke durch den vielen Knoblauch, den es beim Friseur bei jeder Mahlzeit gab, entstanden war, kamen wir nicht. Es gab dort für die Katzen niemals etwas anderes als Essensreste. Um Peterle richtig erziehen zu können, wollten wir die Verlassenschaft des Kätzchens unbedingt finden. Wir verschoben sämtliche Möbel, suchten in jedem Winkel, fanden aber nichts. Irgendwann gaben wir die Hoffnung auf, nur sah die Wohnung keinesfalls mehr weihnachtlich aus. Zumindest dem Kätzchen war das völlig egal, es schlummerte bereits im Puppenkorb.

Lebensmittel

Eine Sammelstelle für Lebensmittel war die Schublade in meinem Nachtkästchen. Dort versteckte ich vom Abendessen Abgespartes einige Wochen lang für die armen Tiere im Zoo in Liefering bei Salzburg. Vorwiegend war das Brot mit Marmelade, Honig oder Rama. Das durfte meine Mutter natürlich nicht wissen. Es konnte aber kein Geheimnis bleiben, weil mich mit der Zeit der schimmelnde Geruch verriet. Es war schon eine große Enttäuschung, dass ich Löwen und Bären im Zoo nicht mehr füttern konnte und meine Mutter die geplante Verwendung der Lebensmittel nicht so toll fand.

Öfters kauften wir in Deutschland billiger als in Österreich ein. Die Grenze war von Maxglan aus nicht so weit weg und mit dem Bus konnte man nach Freilassing fahren, wo etliche Produkte günstiger waren. Die Rückfahrt war immer recht aufregend, weil wir Schmuggelware bei uns hatten: Kaffee, Kekse, Käse und Kaugummi waren die Schätze, die wir unter den Jacken versteckten, die Milchprodukte waren sichtbar in einer Tasche. Wir kamen uns vor wie in einem Krimi. Wobei mich Krimis nie wirklich interessierten. Es waren die Bücher von Karl May mit den Helden Old Shatterhand und Winnetou, die wir mit der Taschenlampe unter der Decke heimlich lebendig werden ließen, immer darauf achtend, dass meine Mutter die Türe nicht öffnete.

Nicht nur Lebensmittel, auch Kleidung gab es nur auf Marken.

Den üblichen Nahrungsmangel gab es auch in Tirol, obwohl es hier eher Möglichkeiten gab, bei Bauern zu tauschen oder gegen andere Marken Essbares zu besorgen. Eine alte Frau aus Sistrans bei Innsbruck namens Maria erzählte mir eine Begebenheit aus der Zeit der ersten Klasse Volksschule. Sie war mit einer Freundin unterwegs und kam an einem Acker vorbei, auf dem die Krautköpfe reif waren. Die beiden beschlossen, zwei Stück davon nach Hause zu bringen, und hofften, damit viel Freude auszulösen. Sie klemmten sich je einen Krautkopf unter den Arm und marschierten weiter. Plötzlich sahen sie am Ende des Ackers den Pfarrer und den Lehrer. Die Mädchen erschraken und überlegten, was sie tun könnten. Maria stellte die Frage, ob man die Krautköpfe einfach fallen lassen sollte. Martha erklärte klipp und klar, dass man diese Kostbarkeit nach Hause bringen werde und danach einfach beichten gehen könnte.

Unsere sogenannte Küche in Salzburg war ein Gang im Dachgeschoß. Auf einer Anrichte befand sich eine elektrische Doppelkochplatte und daneben unser einziges Waschbecken, ohne Warmwasser. Ein stehendes, weiß gestrichenes Kantholz gehörte eigentlich zur Dachkonstruktion. Daran war oben eine altmodische, elektrische Klingel befestigt, von der außen am Haus ein Kabel hinunter zu einem Klingelknopf führte. Ich stand hinter meiner Mutter, die sich in einer Entfernung von ungefähr drei Metern zu diesem Pfosten befand. Plötzlich sprang während eines Gewitters von dieser Klingel ein Kugelblitz als leuchtende Kugel – etwas kleiner als ein Fußball – herunter. Die Feuerkugel hüpfte in Richtung meiner Mutter und explodierte vor ihren Füßen mit einem ohrenbetäubenden Knall. Von da an hatten wir keine Klingel mehr, denn meine Mutter hatte nicht die Absicht, diese verschmorte Glocke reparieren zu lassen. Das war mir nur recht, dann konnte der von uns ungeliebte Briefträger nicht mehr klingeln. Der schaute meine Mutter immer so komisch an.

Die Hoffnung auf finanzielle Hilfe aus dem inzwischen zur DDR gewordenen Ostdeutschland wäre auch ohne die politischen Schwierigkeiten verschwindend klein gewesen, weil meine Großmutter und ihre Schwester selbst nichts mehr hatten. Deren Vater war lange Zeit der wohlhabende Besitzer einer Privat-Bank gewesen. Von ihm stammte der Spruch „Für mein Geld kann ich mir Steine durch den A… blasen lassen". Dass sich all der Reichtum in einen Konkurs verwandeln würde, konnte niemand ahnen. Dieser Bankier hatte zwei eigene Frachtdampfer, die immer mit Kaffee voll beladen wurden, welchen sie nach Europa brachten. Einer der Dampfer wurde eines Tages von Seeräubern gekapert, der Kaffee an Land gebracht und später das Schiff vermutlich versenkt, da es nie wieder gesehen wurde. Damit glitt die Bank in die Pleite und aus Luxus wurde ein normales, immerhin noch gutbürgerliches Leben.

Ich habe aus dieser Zeit der Familie meiner Mutter in meiner Wohnung drei Erinnerungen: ein Gemälde meiner Urgroßmutter als Kind, etwas altes Geschirr und eine dunkelbraune Anrichte. Dieses Möbelstück aus dem Schloss in Brandis bei Leipzig ist sicher nicht wertvoll, dafür verbunden mit einer Kindheitserinnerung an stinkenden Salmiakgeist. Nach der Übersiedlung nach Salzburg wollte meine Mutter den scheußlichen, beigen Lack entfernen. Um diese Schicht loszuwerden, schuftete sie drei Tage lang. Ein anderes Lösungsmittel als den ätzenden Salmiak hatte sie nicht. Danach beizte sie das frei gewordene Holz mit einer dunkelbraunen Farbe, die diesem schlichten Möbelstück mit drei großen Schubladen heute noch ein edles Aussehen gibt.

Erziehungshelfer Angst

Die Einstellung zur Erziehung war damals eine ganz andere als heute. Viele Mütter waren Witwen und es herrschte die Meinung, dass man die Strenge eines Vaters ersetzen müsse. So war es auch kein Wunder, dass der Krampus für die unfolgsamen Kinder ein wichtiger Angstmacher in der Erziehung war. Ich fand es nur schlimm, dass der schwarze Mann mit der Rute auch während des Jahres „zufällig" immer dann vorbeikam, wenn meine Mutter gerade weggegangen war. Vermutlich hatte sie im Keller noch ein Teufelskostüm, mit dessen Hilfe sie aus meinem Bruder Rupert und mir brave Kinder machen wollte.

Häufig kam der Krampus mit der Ermahnung, weniger zu streiten. Ein anderes Mal erschien er, als ich immer noch vor meinem Suppenteller saß. Damals war es selbstverständlich, dass aufgegessen wurde, auch wenn etwas nicht schmeckte, so wie jene helle Suppe. Ich war schon eine Stunde vor dem Teller gesessen, als der Krampus erschien und erreichte, was er wollte: Aufessen.

Unsere Wohnung lag sehr hoch und konnte nur über eine steile Wendeltreppe erreicht werden. Wenn wir etwas schneller unterwegs waren, kam es immer wieder vor, dass Rupert und ich stolperten und hinunterfielen. Wir mussten diese Stiege trotzdem oft nehmen, weil es oben kein WC gab. Dieses Häuschen im Erdgeschoß war bereits mit einer Zugschnur für eine Wasserspülung ausgestattet und kämpfte im Winter oft gegen den Frost, hatte aber für uns Kinder eine viel gefährlichere Eigenschaft: Wir fürchteten, der Krampus würde vor der WC-Türe warten, weil wir ja nicht gerade brave Kinder waren (das sehe ich heute nicht mehr so schlimm). Wegen dieser Angst vor dem Krampus trauten wir uns oft lange nicht mehr vor die WC-Türe und warte-

Angst vor dem Krampus führte zur Zweckentfremdung des Fensters.

ten einfach, bis die Mutter von oben ungeduldig nachfragte, wo man eigentlich bliebe. Das gab uns Sicherheit vor der Gefahr, wir stürmten hinauf und waren vor dem bösen Mann sicher.

Wenn meine Mutter nicht daheim war, half etwas ganz anderes gegen die Angst: Der schmale Küchengang hatte ein Fenster zum Vordach und wir schützten uns vor dem Krampus dadurch, dass wir die Wendeltreppe zum WC vermieden. Wir setzten uns aufs Fensterbrett, hielten den Po aus dem Fensterrahmen und waren vor dem womöglich im Stiegenhaus wartenden Krampus geschützt. Es dauerte ziemlich lange, bis unsere Mutter über unsere Angewohnheit informiert wurde, was uns kein Lob einbrachte.

Wir hatten eine Vermutung, wer uns verpetzt hatte, und nahmen Rache. So ließen wir bei einem benachbarten Hühnerhalter immer wieder einige Eier verschwinden. Die durften wir natürlich nicht heimbringen, weshalb wir sie in den angrenzenden Park brachten und unter einem Strauch versteckten. Wir hatten gehört, dass dort ein Marder lebte, der als Eierdieb bezeichnet wurde. Hätte der Marder die Eier nicht gefunden, so hätte sicher auch der Osterhase seine Freude gehabt. In jedem Fall waren die gestohlenen Eier am nächsten Tag jeweils verschwunden und der verdächtigte Nachbar für sein Verraten bestraft.

Der Marder stahl aber nicht nur Eier. Meine Mutter baute eines Tages mit viel Liebe einen Hühnerstall, um täglich frische Eier zu haben, statt diese immer kaufen und in Kalk einlegen zu müssen. Das Einlegen war in der Zeit ohne Kühlschrank die einzige Möglichkeit, in der legarmen Zeit ein erschwingliches Ei zu bekommen. Ein kleines Ei kostete damals fünfzig Groschen, ein großes einen Schilling und damit gleich viel wie ein halber Liter Milch. Als der Stall fertig war, besorgte sich meine Mutter hoffnungsvoll zehn Küken, wovon sich neun zu Hähnen entwickelten. Der Trost war die Vorfreude auf Hühnerfleisch, auf welches bedauerlicherweise auch der Marder scharf war und sich jede Nacht einen jungen Gockel holte.

Die geschwisterliche Liebe war damals nicht gerade groß, obwohl wir viel im Garten gemeinsam spielten. Einmal hatte ich Rupert so gebissen, dass er davon eine Blutvergiftung bekam. Als Ausgleich brauchte ich gegen ihn ebenfalls einen Schutzengel: Im Garten war ein Schuppen, mit Ziegeln bedeckt und über einen Holzstapel zu erklettern, was uns eigentlich verboten war. Stolz darauf, wieder einmal am verbotenen Dach zu stehen, nahm mein Bruder einen gelockerten Ziegelstein und warf ihn in meine Richtung. Um einen Zentimeter verfehlte dieser meinen Kopf und zersplitterte neben meinem Fuß.

Verletzungen hatten wir immer wieder. Ich erinnere mich an einen Schlüsselbeinbruch im Alter von sechs Jahren beim ersten Versuch, mit einem geliehenen Kinderrad zu fahren. Der Bruch verheilte gut im Unterschied zu jenem des linken Ellbogens von Rupert, der von einem Baum gefallen war. Er musste schon als Kind mehrmals operiert werden – was teilweise misslang – und hat auch heute noch massive Probleme mit diesem Arm. Damals war er stolz auf das veränderte Gelenk: Wer kann schon den Arm nach hinten biegen und dann vom Rücken aus nasebohren?

Da unser Garten sehr groß war, konnten wir uns viele Spiele ausdenken. Wir kochten Kaffee, indem wir Erde mit Wasser anrührten (und auch tranken). Auch zum Versteckenspielen war der Garten mit 2500 Quadratmetern und vielen Obstbäumen groß genug. Im Westen befand sich ein riesiges Feld von Brennnesseln. Die waren übersät von kleinen, bunt schillernden Käfern, ähnlich dem Rosenkäfer. Ich habe sie nur etwas kleiner und runder in Erinnerung. Wir machten einen Sport daraus, uns mit möglichst vielen solcher Käfer zu dekorieren. Um nicht von der Brennnessel bearbeitet zu werden, mussten wir ein Blatt nehmen, auf welches wir die Käfer krabbeln ließen. Dieses Blatt hielten wir dann an unsere Arme und so saßen mit der Zeit Unmengen dieser bunten Käfer auf uns. Wer die meisten hatte, war Sieger. Wie weit richtig gezählt wurde, entzieht sich meiner Kenntnis.

Zur Straße hin gab es zwei unglaublich große Nussbäume, deren Ernte die Kekse und die Stollen für Weihnachten sichern sollte. Nie wieder habe ich Walnüsse mit einer so dünnen Schale erlebt, die auch von Kinderhänden leicht geknackt werden konnte. Auf diese Nüsse war die ganze Umgebung scharf. Da fast die Hälfte der Baumkronen auf die Straße hinausragte, war es legal, dass sich schon um fünf Uhr früh Menschen um diese Ernte stritten.

Was meine Mutter ärgerte, war nur das Überklettern des Zaunes, da sich dadurch unsere eigene Ernte verringerte.

Die vielen Obstbäume sind mir verschieden in Erinnerung. Da waren die drei sehr hohen Birnbäume „Gute Luise". Köstlich im Geschmack, aber unerreichbar. Wenn die Früchte überreif freiwillig zu Boden fielen, waren sie bereits weich und hatten sofort Flecken, auf die sich die Bienen stürzten. An einer anderen Stelle gab es drei Apfelbäume, die zum Klettern ideal waren. Diese dunkelroten, von uns als „Weinäpfel" bezeichneten Früchte waren meist wurmig, ergaben aber genug Fallobst zum Einkochen. Wir Kinder waren davon weniger begeistert, weil wir das Rohmaterial für Marmelade und Kompott im hohen Gras zusammenklauben mussten. Gemocht haben wir dagegen den Baum, der uns früh im Jahr die Kläräpfel lieferte. Mein Liebling – trotz seines armseligen Aussehens, knorrig und nur mit wenigen Blättern bestückt – war aber ein Ananasrenetten-Baum, auf dem eher kleine Äpfel mit dem köstlichsten Aroma meiner Kindheit reiften. Diese aus Holland stammende Sorte findet man nicht in den Geschäften, ausgestorben ist sie trotzdem nicht. In Kärnten wird sie noch kultiviert.

Volksschulalter

Entlang der Straße hatte unser Garten einen langen Zaun. Es war die Zeit der amerikanischen Besatzung und in der Grenzgemeinde Wals waren viele Soldaten stationiert. Einer davon beobachtete mich und Rupert oft beim Indianer-Spielen. Er hatte selbst zwei Kinder und das Heimweh setzte ihm ziemlich zu. Eines Tages bat dieser Soldat meine Mutter, mit uns in die Stadt in ein Spielzeuggeschäft gehen zu dürfen, um für mich eine Puppe und für Rupert einen Teddy zu kaufen. Im Geschäft hob mich der Soldat hoch, damit ich in eine Stellage mit vielen Puppen schauen konnte. Ich entschied mich für eine, die eine kleine Mütze aufhatte, aus der oben am Kopf ein Knopf herausragte. Den konnte man drehen und das ergab drei verschiedene Gesichter. Eines zeigte die Puppe schlafend, eines lächelnd und eines weinend. Arme und Beine waren aus Stoff. Ich wollte diese haben, denn sie war durch die Mütze die größte. Später habe ich mich über meine Wahl oft geärgert, weil die anderen gezeigten Puppen Gliedmaßen aus Zelluloid hatten und sich dadurch besser hinsetzen ließen. Die Freude kam wieder, als ein Nachbarkind mit mir meine Puppe gegen eine kleinere aus Zelluloid tauschte. Meine Mutter war nicht begeistert, weil Zelluloid als leicht brennbar galt, weshalb ich jeden Abend ein Glas Wasser neben das Bett stellte, um die Puppe notfalls löschen zu können.

Schon früh hatten Rupert und ich einen Gerechtigkeitswahn. Auch am Friedhof. Es war ja nicht einzusehen, dass manche Gräber wunderschön geschmückt waren und andere ganz armselig ausschauten. Wir schufen hier immer wieder echte Abhilfe. Mit bestem Gewissen spazierten wir zwischen den Gräbern hin und her und bemühten uns, für ungepflegte Gräber einen Ausgleich zu schaffen, indem wir auf den schönen Grabstätten die Anzahl der Blumen verringerten und diese zu den ungepflegten brachten, wo wir zuvor sogar das Unkraut entfernten. Es hat anscheinend ziemlich lange gedauert, bis wir zwei Blumendiebe aufflogen. Meiner Mutter teilte man mit, dass sie zwei diebische, verwahrloste Kinder hätte.

Nicht wegen Verwahrlosung, sondern wegen des gefallenen Vaters wurde ich im Sommer vor Schulbeginn vier Wochen auf ein Kinderlager nach Kärnten geschickt. Mein Heimweh war so schlimm, dass ich als einziges Kind abgenommen hatte. Ich sehe immer noch die entsetzten Blicke der Kindergärtnerinnen auf die Waage. Das Heim selbst lag am Faaker See und wir hatten ziemlich viel Freiheit. Ich streifte als 6-Jährige alleine durch den Wald und war fasziniert vom Duft der so reichlich blühenden, wilden Alpenveilchen, die heute so dezimiert sind, dass sie unter Naturschutz stehen. Bei einem dieser Ausflüge stieg ich in einen Erdwespenbau und bekam acht Stiche. Bei der Rückkehr wurde ein Arzt geholt, was ich überhaupt nicht verstand. Mückenstiche jucken doch genauso, da wird auch nicht gleich Fieber gemessen. Von da an war mein Vertrauen in die hohe Weisheit meiner Betreuerinnen erschüttert.

Stollwerck und die Versuchung

Ich besuchte die erste Klasse Volksschule, da brachte ich mich selbst in eine peinliche Situation. Meine Mutter übergab immer am Ersten des Monats fast das gesamte Geld ihrer Pension an das Lebensmittelgeschäft, damit wir am Monatsende nicht hungern mussten. Alles, was wir einkauften, wurde bargeldlos in ein Heft eingetragen. So konnte sie auch uns Kinder ohne Geld zum Einkaufen schicken. Noch heute sehe ich das Bild vor mir, als mich der Blick auf die vielen viereckigen Karamellbonbons, die Stollwercks, in einer durchsichtigen Dose, schwach werden ließ. Ich „kaufte" zehn solche Zuckerln, sie kosteten 10 Groschen pro Stück. Natürlich entdeckte das meine Mutter. Damals war gerade meine Großmutter aus der DDR bei uns auf Besuch. Beiden Frauen war klar, dass man verhindern musste, dass aus mir eine zukünftige Verbrecherin würde. Die Lösung war, dass die Großmutter mit mir zum Pfarrer gehen sollte. Ich wurde als Diebin vorgeführt und fühlte mich auch so. Einziger Trost war die Aussage des Pfarrers, dass ich das nächste Mal bei Verlust der Beherrschung davor zu ihm kommen sollte, er würde mir dann den Schilling dafür geben. Er war wirklich freundlich und überzeugte mich davon, dass das Bodenpersonal vom lieben Gott etwas Besonderes war.

Diese Meinung änderte sich, als uns die Religionslehrerin in der vierten Klasse erklärte, dass ausschließlich Katholiken in den wahren Himmel kommen würden. So dachten damals viele Gläubige, denen man dazu keinen Vorwurf machen darf. Ich verstand diese Engstirnigkeit nicht und mein Gerechtigkeitsgefühl rebellierte. So einen gemeinen Gott kann es nicht geben, er heißt ja „der liebe Gott". Diese Meinung vertrat ich in der Pause, was die ganze Klasse gegen mich aufbrachte. Ich sehe mich heute noch wütend in einer Ecke stehen, die anderen Mädchen wie eine Meute vor mir: „Die Lehrerin hat es gesagt und darum stimmt es." Ich kam heulend heim und verlangte, sofort evangelisch zu werden, was ich heute noch bin. Was mich nicht daran hindert, inzwischen im dritten katholischen Kirchenchor zu singen. Glaube ist mir wichtig, auch wenn meiner in keine Schublade passt und ich mich auch mit anderen Religionen befasse, in denen die göttliche Liebe zu allen Menschen und der gesamten Natur an erster Stelle steht.

Kindliches Geldverdienen

Manchmal haben wir Kinder selbst Geld verdient, nicht immer mit Wissen meiner Mutter. Im Keller lagerten Äpfel von unseren vielen Obstbäumen, da hatte Rupert eine tolle Idee: Wenn meine Mutter nicht daheim war, packten wir Äpfel in einen Kübel und verkauften sie zu einem Spottpreis am Gartentor an Vorbeispazierende. Ziel waren 50 Groschen für jeden, um beim nahen

Eisverkäufer je eine Tüte Eis kaufen zu können. Irgendwann bemerkte meine Mutter den Schwund im Apfelkeller; ob sie uns verdächtigt hat, kann ich nicht mehr sagen. Jedenfalls bekam die Kellertüre ein Schloss.

Andere Äpfel, nämlich Pferdeäpfel, ließen uns immer wieder auf vorbeifahrende Kutschen reagieren. Das Klappern der Hufe war für uns das Zeichen, uns einen Kübel zu schnappen und auf die Straße zu laufen. Hatten die Pferde etwas von ihrer Verdauung hinterlassen, so galt das als der kostbarste Dünger. Damit konnten wir bei meiner Mutter ein Eis zumindest anzahlen. Und wenn es mal viele Pferdeäpfel waren, gab es sogar einen Riegel Bensdorp-Schokolade.

Ganz legal verdienten wir Geld am Tag vor Muttertag. Da hatten wir auf einem Brett beim Gartentor einige Kübel mit Wasser stehen. Darin großzügig aufblühende Fliedersträuße in Lila und Weiß aus unseren langen und schönen Hecken. Der kleine Strauß kostete fünfzig Groschen, der große einen Schilling. Die Einnahmen bekam zwar meine Mutter, aber für uns gab es etwas Süßes, wobei ich Butterbrot mit Zucker besonders liebte. Ein wenig wehmütig beobachte ich seither den Zeitpunkt der Fliederblüte. In all den letzten Jahrzehnten war diese zum Muttertag schon vorbei. Dass ich daran der Erderwärmung die Schuld gebe, liegt auf der Hand.

Meine Idee, mit einer Fischzucht Geld zu verdienen, hat überhaupt nicht geklappt. An der hinteren Außenwand des Hauses war eine betonierte, große Wanne. Wirklich dicht war sie nicht, aber der berühmte „Salzburger Schnürlregen" füllte sie immer wieder auf. Unser Garten grenzte an einen Bach – die Glan – und war durch eine niedrige Mauer zur Böschung abgegrenzt. Es war uns verboten, dorthin zu gehen, aber ich brauchte ja Fische für meine geplante Zucht im Becken. Dass eine selbstgebastelte Angel

Erster Schultag, Rupert darf mitfeiern.

völlig ungeeignet war, um aus der fließenden Glan einen Fisch zu bekommen, wollte ich nicht wahrhaben. Als ich aufgeben musste, weil mich meine Mutter manchmal suchte und es dann ziemlich lange dauerte, bis ich kam, tröstete ich mich mit einigen Kaulquappen aus der Glan, die ich heimbrachte. Wie sie ins Becken beim Haus kamen, habe ich nie erzählt.

Meine schönste Erinnerung an die erste Klasse Volksschule ist das Mitspielen in dem Theaterstück „Der Weihnachtsmann hat es verschlafen". Ich durfte ihn als Engel aufwecken. Im gleichen Jahr war ein Schlager modern, der mir damals schon gezeigt hat, wie ungerecht die Welt der Erwachsenen ist. Viele der Älteren erinnern sich an „Auf der Großmutter ihr'm Kaffeehäferl steht ich bleibe dir ewig treu. Und der Großmutter ihr Kaffeehäferl hau i zsamm". Und dann hört man das splitternde Porzellan, worüber meine Mutter lachte. Wie unfair – wenn wir Kinder Porzellan zerschlagen haben, wurde nicht gelacht, sondern geschimpft. Damals hatten wir Kinder noch zu viel Respekt, um eine Mutter für dieses Unrecht zu kritisieren.

Die in meinem zweiten Schuljahr grassierende Diphtherie-Epidemie war gerade vorbei und meine Mutter erleichtert, dass ich verschont geblieben war. Drei Kinder aus meiner Klasse waren daran gestorben. Allerdings verhalf ich meiner Lehrerin zu einem anderen Schreck. Ich musste Milch mit der Kanne holen, die es noch auf Marken gab und zwei Schilling pro Liter kostete. Mir war davor schon etwas schlecht gewesen und ich sollte mich nach dem Heimkommen hinlegen. Dazu kam es nicht. Meine Lehrerin, die mit dem Fahrrad unterwegs war, fand mich bewusstlos vor einem Geschäft in einer Pfütze von Milch und Erbrochenem liegen. Mit Hilfe eines Verkäufers dieses Geschäftes schaffte sie es, mich nach Hause zu bringen. Unsere damals schon alte Hausärztin Frau Dr. Franka Graf, welche ich immer für eine Gräfin hielt, wurde geholt und ließ mich ins Krankenhaus bringen. Dort wurde ich vom Primar untersucht und er meinte, dass mir am nächsten Tag der Blinddarm herausgenommen werden sollte. Meine Mutter fragte, ob man das nicht sofort machen könnte, weil sie sonst die ganze Nacht nicht schlafen könnte. So kam ich schon nach einer halben Stunde in den Operationssaal, vor dem meine Mutter wartete. Der Chefarzt kam danach kreidebleich heraus. „Sie haben Ihrem Kind soeben das Leben gerettet, sie hätte die Nacht nicht überlebt." Meine Schutzengel sollten noch öfters Arbeit bekommen. Mir selbst blieb nur die Abneigung gegen Krankenhäuser wegen der scheußlichen Äthernarkose, von der Ärzte glaubten, dass man die gar nicht mitbekommen würde. Dieses Einschlafen mit Äther erlebte ich noch ein paar Mal, es war immer gleich schlimm.

In Erinnerung ist mir eine Aussage der Lehrerin in der dritten Klasse Volksschule. Völlig überbewertet wurde früher der Eisengehalt vom Spinat. Jedenfalls meinte die Lehrerin, dass man sich vor einem Gewitter schützen müsse, der Mensch ziehe wegen seines Eisengehaltes im Blut Blitze an. Ich erzählte das meiner Mutter, die darüber lachte. Noch heute erinnere ich mich an meine Empörung, denn die Aussage einer Lehrerin war ja immer richtig (außer der Aussage meiner Religionslehrerin). Zum Glück ist mir keine Angst vor einem Gewitter geblieben.

In der vierten Klasse Volksschule erhielt ich die einzige Ohrfeige meines Lebens. Ich muss mit meiner herzensguten Mutter eine gröbere Meinungsverschiedenheit gehabt haben, jedenfalls beschloss ich, auszuwandern. Zu Fuß nach Murau in der Steiermark (über 100 Kilometer), wo Rupert wegen eines Sturzes mit der Rodel beim Schanzenspringen am Mönchsberg in der Heilstätte lag. Ärzte hatten fälschlicherweise vermutet, er habe Knochen-TBC.

Um das nötige Geld für meine Wanderung zu haben, musste ich eines auftreiben. Es gab damals das Geschäft „Seppele", wo man Dinge verkaufen konnte. Eine Tante hatte mir Schuhe geschenkt, die ihr zu klein waren und mir überhaupt nicht gefielen. Diese wollte ich zu Geld machen. Also startete ich mit den Schuhen in der Schultasche und fiel auf meiner geplanten Wanderung bald auf. Auf die Frage einer Frau, was ich vorhätte, antwortete ich: „Meine Oma ist auf Besuch da, die ist böse und meine Mutter zieht davon auch schon an." Diese Aussage landete in der Schule, in der damals Nachmittags- und Vormittagsunterricht wöchentlich wechselte. Ich war dort um 14 Uhr nicht erschienen. Nach einer Stunde Wanderung bereute ich meinen Start in die weite Welt und kehrte zurück – gleich in die Schule. Dort empfing mich die Lehrerin vor der ganzen Klasse mit einer saftigen Ohrfeige. Aus meinem Besuch beim Bruder wurde nun doch nichts. Auch wenn das die einzige Ohrfeige war, so heißt das nicht, dass die Hand meiner Mutter nicht manchmal auf unserem Po gelandet wäre.

Seit ich mich mit meiner Vergangenheit befasse, ist mir erst wirklich bewusst geworden, wie schrecklich die Zeit weit weg von zu Hause für meinen Bruder gewesen sein muss. Damals war ich zehn Jahre alt und habe das gleichzeitige Leid meiner Mutter, deren Kind ein ganzes Jahr so weit weg war, nicht verstanden. Noch weniger habe ich verstanden, was mir der völlig verstörte Rupert nach seiner Rückkehr abends heimlich erzählt hat: Es handelte vom Missbrauch der 40 Buben, die tagsüber in einem einzigen Raum untergebracht waren. Die größeren Kinder und sogar Pfleger waren Täter, die jüngeren Kinder Opfer.

Auf meine kürzliche Frage, was für meinen Bruder in der Heilstätte Stolzalm in Murau das Schlimmste gewesen sei, war für ihn die Antwort sofort klar: der Tag, an dem ein Arzt ins Zimmer kam und erklärte, dass höchstens zehn Prozent dieser Kinder wieder gehfähig werden würden. Vielleicht war es auch sein Gedanke „Er soll nicht Recht haben!", welcher ihm die Kraft gab, dieses Jahr zu überstehen. Trotz der in Murau erworbenen psychischen Schwierigkeiten und einer unleserlichen Schrift hat Rupert die Matura und das anschließende Jus-Studium geschafft.

Auch mir ist ein unangenehmes Erlebnis in dieser Zeit nicht erspart geblieben. Es war im Dezember 1953, als meine Mutter ein Zimmer in Murau gemietet hatte, um tagsüber Rupert besuchen zu können. Dafür hatte sie monatelang jeden Schilling auf die Seite gelegt. Ich sollte diese vier Wochen in Wien bei einer Bekannten verbringen, die einen 12-jährigen Sohn hatte, und ich war stolz darauf, alleine mit dem Zug fahren zu können. Ich wurde freundlich aufgenommen und spielte gerne mit dem Sohn und dessen Freund irgendwelche Brettspiele. Wenn die Mutter abwesend war, übernachtete der gleichaltrige Freund in der Wohnung. Die beiden Buben wurden sichtlich von sexueller Neugier geplagt, wussten aber selbst nicht viel davon. Jedenfalls versuchten sie, durch mich schlau zu werden. Sie erreichten kaum etwas, das ihre Neugier befriedigt hätte. Trotzdem müssen mich die erfolglosen Versuche belastet haben, denn meine Mutter wusste nach meiner Rückkehr nicht, warum ich nachts so oft geschrien habe. Bemerkenswert ist, dass ich diese Zeit in Wien jahrzehntelang aus meinem Kopf verbannt hatte und sie erst aufgetaucht ist, als ich selbst schon Mutter war.

Der Millionengewinn

Viel Ärger habe ich meiner Mutter dadurch beschert, dass ich ein Gespräch durch die Türe mit einer Bekannten mitbekommen hatte. Es war wirklich spannend. Die beiden redeten davon, was sie machen würden, wenn meine Mutter jetzt in der Klassenlotterie eine Million Schilling gewinnen würde. Da war von Urlaub, Kleidung, Fahrrad, Küchenmöbeln und neuer Bettwäsche die Rede. Für mich klang das alles sehr realistisch. Weshalb ich davon überzeugt war, dass meine Mutter tatsächlich eine Million Schilling gewonnen hatte. Das war ja etwas, um anzugeben, und ich erzählte den Kindern der Nachbarschaft die frohe Botschaft. Diese Neuigkeit erreichte über die Eltern der Kinder die ganze Umgebung und plötzlich meldeten sich Menschen, die wir kaum kannten. Vorwiegend mit der Bitte, ihnen Geld zu leihen oder zu schenken. Meine Mutter wusste vorerst überhaupt nicht, woher diese Ansinnen kamen. Dann erfuhr sie, dass ich diese „Wahrheit" ausgeplaudert hatte. Es war aber schon zu spät, sich dagegen zu wehren. Leute behaupteten sogar, sie hätten das in der Zeitung gelesen. Die Meinung, dass Wünsche wahr werden, wenn man nur fest genug daran glaubt, erfüllte sich trotzdem nicht.

Ein echtes Geldverdienen schaffte Rupert mit zehn Jahren bei den Salzburger Festspielen. Bei den im „Jedermann" vorkommenden Fackelbuben durften Kinder, deren Vater im Krieg geblieben war, als Statisten mitspielen. Vom Geld im ersten Jahr wurde eine kurze Lederhose gekauft, im zweiten Jahr war es eine knielange, die er mit Stolz trug. Im dritten Jahr der Statistentätigkeit war Rupert ein Mohr in Mozarts „Zauberflöte". Die schminkenden Mitarbeiter machten sich einen Spaß und erklärten den drei Kinder-Mohren, dass die Farbe Schwammerl-Sauce sei. Sie wurden nach der Vorstellung nur mangelhaft abgeschminkt heimgeschickt und meine Mutter entfernte den Rest. Immer lachend mit der Aussage, dass das keine Schwammerl-Sauce sei, was meinen Bruder ziemlich wütend machte. An einem Abend kam Rupert allerdings ohne Gedanken an Schminke heim, jedoch mit einem schlechten Gewissen. Die „Zauberflöte" fand damals noch in der Felsenreitschule statt. Die dreistöckigen Arkaden waren Ende des 17. Jahrhunderts für das vornehme Publikum von Reitvorführungen in den ehemaligen Steinbruch geschlagen worden, die Besucher der „Zauberflöte" kamen immer noch aus besseren Kreisen. Man hatte den drei jungen Mohren nach deren Auftritt je einen Apfel gegeben und erlaubt, von der dritten Arkade aus dem Rest der Vorstellung beizuwohnen. Rupert passierte es, dass sein Apfel lautstark auf die Bühne hinunterfiel. Für den routinierten und berühmten Sänger Anton Dermota war es kein Problem, diese Szene als geplant zu übernehmen. Er hob singend den Apfel auf und biss am Ende hinein.

Ich selbst habe eine sehr emotionale Beziehung zur „Zauberflöte", weil meine Mutter jedes Jahr für zehn Schilling Generalprobenkarten für sich und mich kaufte. Als ich vor Jahren ein altes Notenheft aus meiner Kindheit fand, hatte ich mir darin für meine Blockflöte die Arie des Sarastro „in diesen heil'gen Hallen" selbst zusammengeschrieben. Heute findet diese Mozart-Oper normalerweise im „Großen Festspielhaus" statt, was die Atmosphäre einer Felsenreitschule sicher nicht ersetzen kann.

In diesen Jahren hatte ich in meiner Sparbüchse fast zwanzig Schilling (1,50 Euro) beisammen, Rupert fast gleich viel. Wir durften mit dem O-Bus in die Stadt fahren, um uns etwas nach eigenen Wünschen zu kaufen. Zurück kamen wir mit den beiden Landschildkröten Thusnelda und Theodor, sie hatten je zehn Schilling gekostet. Damals gab es noch kein Interesse an Artenschutz. Wir machten uns schlau und im Herbst gruben wir die Schildkröten in der Erde vorm Haus ein. Bei einer späteren Kontrolle waren sie nicht mehr da, wir hatten sie sichtlich zu früh in den Winterschlaf schicken wollen. Thusnelda sahen wir im Jahr darauf im Garten wieder, Theodor erst zwei Jahre später. Jedenfalls gab es für beide genug Nahrung.

Sogenannte Aufklärung

Meine Mutter tat sich mit unserer Aufklärung schwer, weil damals sexuelle Gespräche einfach tabu waren. Ich habe in diesem Zusammenhang meinen Bruder einmal ordentlich zum Heulen gebracht. Nicht die geringste Ahnung hatten wir von Sexualität. Woher auch. Kein Kino, kein Fernsehen, eine Mutter ohne Mann, in der Volksschule kein Wort darüber. Wir sollten trotzdem keinen Gefahren ausgesetzt werden und darum hatte meine Mutter die Aufklärung begonnen – ich war zehn, Rupert neun Jahre alt – mit der Erklärung, dass es zwei verschiedene Geschlechter gibt.

Sie verlangte, dass wir in Zukunft voreinander nicht mehr nackt sein durften. Einmal stritt ich mit Rupert so richtig wütend und wollte ihn drastisch ärgern. Innerhalb von Sekunden ließ ich einfach meine Hüllen fallen und stand nackt vor ihm. Schreiend lief mein Bruder zu meiner Mutter: „Die Inge hat sich vor mir ausgezogen". Meine Mutter war mit der Situation ziemlich überfordert und hielt uns einen Vortrag über Anstand und Kultur. Wir beide waren inzwischen längst wieder versöhnt und kicherten bei der Behauptung eines Nachbarbuben, der gesagt hatte, dass Mann und Frau im Bett oft nackt seien. Unsere Vermutung war, dass die Eheleute nur den Pyjama und das Nachthemd sparen wollten – denn wozu sonst sollte das gut sein?

Dass Kinder damals allgemein prüde erzogen wurden, erlebte ich ein Jahr später, als ich bei einer ebenfalls zehn Jahre alten Freundin zu Besuch war. Bevor die Petticoats in Mode kamen, trugen wir unterm Rock zumindest einen Unterrock. Der hatte sich bei der Freundin etwas verwurstelt und sie richtete ihn, wobei kurz die Unterhose zu sehen war, was der um ein Jahr jüngere Bruder mitbekam. Es entstand ein heftiger Streit unter den Geschwistern, wer nun Schuld an diesem unzumutbaren Anblick hatte. Hätte der Bruder wegschauen sollen oder das Mädchen davor den Raum verlassen müssen?

Mangelndes Wissen um die Männlichkeit erschreckte mich und einige Mitschülerinnen Jahre später durch einen Film, den wir mit der Schule in der vierten Gymnasiumklasse besuchten. Es ging um die eingeborenen Stämme in Afrika. Hilfe – da sah man ja, dass die Männer ums Geschlechtsteil Haare hatten. Männliche Nacktheit kannten wir ja nur von Statuen aus Marmor und ähnlichem Material. Da waren aber keine Haare. Jedenfalls hatten wir für einige Tage ein Gesprächsthema.

Ungarnaufstand

Meinen ersten politischen Schock bekam ich im Alter von zwölf Jahren durch den Ungarnaufstand 1956. Auch ermutigt durch den österreichischen Staatsvertrag kurz zuvor, erklärte Imre Nagy die Neutralität des Landes und den Austritt Ungarns aus dem Warschauer Pakt. Die tagelangen Feiern zur Freude über die Freiheit nahmen ein schreckliches Ende. In Russland war Nikita Chruschtschow an der Macht, der damals gerade den chinesischen Machthaber Mao Zedong zu Besuch hatte. Chruschtschow fragte diesen, wie er auf die Erklärung der Ungarn zur Unabhängigkeit reagieren sollte. Mao antwortete mit dem Wort „Blutvergießen", was der russische Machthaber sofort umsetzte.

Während also in Ungarn seit einer Woche übermütig gefeiert wurde, rückte eine Unzahl von Panzern an. Es gab den Befehl, das Feuer zu eröffnen. Die ungarische Bevölkerung griff teilweise zu den Waffen, hatte aber gegen die hochgerüstete sowjetische Armee keine Chance. Bei der NATO war man zwar entsetzt, griff jedoch aus Angst vor dem großen nuklearen Krieg nicht ein. Dieser russische Überfall dauerte nur kurz, 200.000 Ungarn konnten aus Budapest noch fliehen. Die Zahl der Toten schwankt zwischen 2500 und 20.000. Dazu kommen 20.000 Verwundete und 350 Aufständische, an welchen später ein Todesurteil vollstreckt wurde. Nach Russland deportiert wurden 1000 Ungarn, unter ihnen auch Kinder.

Meine Mutter als ewig Hilfsbereite übernahm trotz aller eigenen Einschränkungen die Unterkunft und Versorgung von zwei Studenten. Sie bekamen bei uns nicht nur Essen, sondern auch Wärme und Zuversicht. Wie lange es dauerte, bis deren Wunsch zur Auswanderung nach Australien erfüllt wurde, weiß ich nicht mehr. Der Abschied von Europa war wegen der Aussicht auf eine hoffnungsvolle Zukunft nicht sehr schwer, auch wenn die beiden heimlich sicher Tränen vergossen haben. Besonders Georg schrieb noch lange und betonte immer wieder, dass seine Auswanderung die richtige Entscheidung gewesen sei. Uns Kindern blieb der Stolz, dass wir einige Worte Ungarisch gelernt hatten.

Unfall beim Turnen im Gymnasium

Nach der Volksschule kam ich ins Gymnasium. Ich galt als schüchtern, was sich in der dritten Klasse gleich auf zwei Arten änderte: Vorerst war es für mich ein Wunder, dass sich ein beliebtes Mädchen neben mich setzte. Waltraud, genannt Waldi, kam oft zu Besuch zu mir nach Hause und brachte ihre Fröhlichkeit mit. Auch meine Mutter wurde davon angesteckt und meine Kindheit fühlte sich einfach gut an. Langsam verlor ich meinen Ruf der Verschlossenheit, es gab aber im Laufe des Schuljahres ein weiteres Ereignis.

Im Turnunterricht in der dritten Klasse gab es die Aufgabe, im Gruppenwettbewerb auf einer herausgezogenen, senkrecht stehenden, hohen Leiter hinaufzuklettern, oben zwischen den Stufenhölzern durchzusteigen und auf der anderen Seite wieder hinunterzukommen. Weil meine Vorgängerin sehr langsam war, wollte ich die Zeit aufholen und verfehlte die Sprosse, stürzte hinunter und stieß mit der Wirbelsäule auf die Stange der Halterung. Ich brüllte vor Schmerzen und habe diesen Unfall noch in intensiver Erinnerung. Zwei Wirbel waren gebrochen. Eine der Meistertaten meines Schutzengels war soeben vollbracht worden: Ich war nicht gelähmt wie die meisten Menschen mit einer solchen Verletzung. Ich bekam ein Gipsmieder und wurde einige Monate mit dem Rollstuhl in die Schule gebracht, wo ich auf einer Luftmatratze am Unterricht teilnahm.

Plötzlich stand ich im Mittelpunkt und Lehrer und Kinder überschütteten mich mit Freundlichkeiten. Die Lehrer besonders wegen eines schlechten Gewissens, denn die Turnprofessorin hatte mich wirklich in große Gefahr gebracht: Ich war nach dem Unfall mit dem Bus alleine heimgeschickt worden. Ich sollte dort die Hausärztin verständigen. Diese war schon beim ersten Druck mit dem Finger auf die Wirbelsäule entsetzt, rannte nach Hause und rief die Rettung. Wir hatten ja kein Telefon und auch Ärzte hatten kein Handy. Im Krankenhaus liefen die Mediziner zusammen und waren fasziniert davon, dass ich Beine und Zehen bewegen konnte. Jedenfalls liebte ich die Aufmerksamkeit im Rollstuhl, das Ende davon nach einigen Monaten war trotzdem erleichternd.

In dieser Zeit war meine Großmutter aus der DDR wie jedes Jahr auf Besuch gekommen und ich hörte durch die Türe ein Gespräch, bei dem meine Mutter verzweifelt weinte. Sie sagte, dass ich niemals Kinder bekommen dürfe und dass die Ärzte gesagt hätten, dass ich auf keinen Fall Sport betreiben dürfe. Ich war 13 Jahre alt und habe mir damals geschworen, dass ich genau das Gegenteil beweisen würde. Ich glaube, dass die düsteren Aussagen für mich zum Lichtblick wurden und den Grundstein für meinen unerschütterlichen Optimismus legten. Ich war stolz auf meine Gesundung und sah auch keinen Grund zu einer körperlichen Einschränkung.

Bereits ein Jahr später hatte ich mir ein paar Schi aus Holz und natürlich ohne Sicherheitsbindung besorgt. Othmar, der Sohn einer Bekannten meiner Mutter, bot sich an, mich zum Schifahren auf den Salzburger Hausberg, den Gaisberg, mitzunehmen. Als technischer Mitarbeiter des ORF war er zuständig für den dortigen Sender, von dem seit kurzem Fernsehprogramme ausgestrahlt wurden, was natürlich etwas Sensationelles war. Bevor wir an die

Abfahrt denken konnten, musste Othmar noch etwas im Senderaum erledigen. Er zeigte mir den Kasten, der fürs Fernsehen zuständig war, wobei er mir vieles erklärte, was ich nicht verstand, trotzdem nickte ich fasziniert. Beim Schließen des für die Ausstrahlung zuständigen Kastens wurde der Techniker blass. Er hatte irrtümlich die ganze Zeit das Senden für das Fernsehen lahmgelegt und fürchtete sich vor dem Krach am nächsten Tag.

Vorerst jedoch stand die Abfahrt mit den Schiern am Programm. Lange ungetrübt war das Vergnügen nicht. Dank meiner kaum vorhandenen Brems-Fähigkeiten fabrizierte ich einen kapitalen Sturz, bei dem der rechte Schi vorne bis zur Bindung abbrach. Natürlich versuchte ich jetzt vorwiegend auf dem linken Schi zu fahren, was irgendwie mit weiteren Stürzen vorerst relativ gut gelang. Unsere Stimmung war gut, auch wenn bald danach zusätzlich noch der zweite Schi abbrach. Meine Beine waren sichtlich bruchfest und wurden heil heimgebracht. Othmar versprach, von seinem Keller einen Schi seiner Jugend hervorzuholen und mir anzupassen. Da die nächsten Fahrten im Schnee nur auf einer Böschung in der Nähe stattfanden, war ich mit dem Ersatz glücklich, zumal einer dieser beiden verschiedenen Schier sogar Kanten hatte, was die anderen Kinder bewundern durften.

ÜBERSIEDLUNG NACH BADGASTEIN MIT SCHULWECHSEL

Gymnasium St. Johann im Pongau

Einige Jahre später, nach der fünften Klasse Gymnasium, übersiedelten wir nach Badgastein. Meine Mutter hatte eine Kosmetikausbildung gemacht und sah ihre Aufgabe darin, die beiden Drogerien eines Apothekers samt ihrem Inhaber zu betreuen. Nach der Übersiedlung galt meine erste Begeisterung der Tatsache, dass aus dem Wasserhahn warmes Wasser kam. In unserer Salzburger Zeit kam ja nur kaltes, was im Winter besonders unfreundlich war. Meine Mutter meinte es gut mit der Übersiedlung und bekam die Zusage, dass ich später die beiden Drogerien übernehmen könnte. Vorerst sollte ich die Drogisten-Lehre machen, was mir überhaupt nicht gefiel. Dieser Apotheker gaukelte gegenüber meiner Mutter Liebe vor, in Wirklichkeit ging es um zwei billige Arbeitskräfte durch mich und meine Mutter. In Wien gab es längst heimlich eine Frau für die Zeit nach seiner Pensionierung. Ich stellte die Bedingung, vor der Lehre noch den Besuch der 6. Klasse Gymnasium in St. Johann im Pongau zu absolvieren – dort befand sich das nächste Gymnasium. Dass ich aus finanziellen Gründen niemals würde studieren können, war mir klar, denn mit dieser Möglichkeit für Rupert waren die finanziellen Mittel meiner Mutter erschöpft. Das hatte ich immer akzeptiert und empfand keinerlei Neid.

Das Schuljahr in St. Johann gab mir und Rupert plötzlich Freiheiten, die wir bei unserer großartigen, aber sehr strengen Mutter nicht gekannt hatten. Jetzt war ich in einer Clique, in der viel harmloser Unsinn getrieben wurde. Auch die Strafen der Lehrer waren nicht unbedingt dramatisch. Als ich einmal mit einer Freundin Blödsinn in der Schule getrieben hatte, mussten wir beide danach beim Lateinlehrer im Keller Kohlebriketts schlichten. Natürlich hatten wir dabei viel Spaß.

Unschuldig war ich am Einbruch beim Mathe-Professor. Ein Mitschüler hatte am Tag vor einer Schularbeit die Aufgaben gestohlen, indem er nachts durchs Fenster stieg. Durch einen ungewöhnlichen Fehler im Test, der bei etlichen Schülern identisch war, musste der Lehrer wissen, was passiert war. Er zeigte Humor und ignorierte die Schandtat, vermutlich schmunzelnd durch Erinnerungen an seine eigene Schulzeit und wissend, dass er für sein Schweigen von uns einen Heiligenschein bekam.

Sieg im Redewettbewerb mit Einladung zur UNO

Meine Stärke im Gymnasium war die deutsche Sprache. Als individuelle Hausübung sollte ich eine Rede vorbereiten. Ich hatte nichts gelernt und kam mit irgendeiner Ausrede, dass man meinen Termin verschieben müsse. Der Deutschprofessor akzeptierte das zu meinem Entsetzen nicht und verlangte von mir, trotzdem vor der Klasse zu sprechen. Das schaffte ich so gut, dass er mich als Einzige aus der Schule zum Redewettbewerb der Vereinten Nationen (UNO) anmeldete. In Salzburg wurde ich Siegerin und trat auch in Wien an. Eine Einladung nach Genf zu den Vereinten Nationen gemeinsam mit vier weiteren österreichischen Jugendlichen war die Folge. Dort versuchte man, uns durch Seminare weltpolitisches Verständnis zu vermitteln. Da Badgastein damals noch kein Fernsehen hatte, mangelte es bei mir an geografischen Vorstellungen, wobei mich Politik überhaupt nicht interessiert hatte.

Nach einer Woche Aufenthalt in Genf ging es nach Straßburg, dann nach Paris und zuletzt nach England. In Oxford gab es durch mich und ein zweites Mädchen eine mächtige Aufregung. Wir hatten bei der Besichtigung einer Kirche ein Licht hinter dem

Altar entdeckt, welches sich als harmlose Taschenlampe herausstellte. Viel interessanter war aber eine kleine, sehr niedrige Eisen-
türe, die unsere Fantasie anregte. Vielleicht konnte man Schätze
besichtigen. Die Türe war nicht versperrt und schon waren wir
drinnen. Es gab durch die verschmutzten Butzenscheiben nur
wenig Licht. Noch weniger konnten wir die vermuteten Schätze
entdecken. Danach brachten wir die Tür ins Kirchenschiff zurück
nicht mehr auf. Die Hoffnung, man würde unser Klopfen hören,
wurde vorläufig nicht erfüllt, weil es durch die vielen Besucher
viel zu laut war. Stattdessen überlegten wir, mit welchem Werkzeug wir das Fenster einschlagen könnten und vor allem, wie wir
es erreichen würden. Die „Räuberleiter" schien uns erfolgreicher
als das Klopfen an der Tür hinter dem Altar.

Die anderen Teilnehmer unserer Gruppe glaubten nicht, dass
wir außerhalb der Kirche zu finden seien. Sie suchten uns auf der
Empore genauso wie im Beichtstuhl. Irgendwann entdeckten sie
unsere Tür, öffneten sie und ließen uns heraus. Unsere Dankbarkeit bescherte jedem von ihnen eine Schokolade. Bis zur Rückfahrt nach Wien wurde auf uns zwei besonders gut aufgepasst,
was aber der guten Laune und der Vorfreude auf Besichtigungen
in Wien nicht schadete.

Mein Bruder Rupert wohnte damals in St. Johann mit vielen Freiheiten in einem Schülerheim. Das Ehepaar, bei dem ich wohnte,
verbot mir und der zweiten Mitbewohnerin Sigrun ziemlich viel,
wie auch abends das Mitgehen ins Buffet beim Bahnhof. Dort befand sich der Treffpunkt einer lebensfrohen und unkomplizierten
Gruppe von Schülern aus der siebten Klasse, zu denen wir aus der
sechsten ehrfurchtsvoll aufsahen. Meist mussten Sigrun und ich,
um dabei zu sein, durchs Fenster steigen. Die ersten Tanzversuche
fanden dort statt, denn es gab eine Musikbox. Öfters flogen wir

allerdings raus, wenn wieder einmal zehn Schilling hintereinander hineingeworfen wurden, um zehnmal den damals beliebtesten Schlager des Jahres, „Marina" von Rocco Granata, zu hören. Unsere Lieblingssänger waren unter anderen Peter Kraus, Conny Froboess, Ted Herold, Peter Alexander, Connie Francis und später Elvis Presley.

Ganz allgemein wurde früher viel mehr getanzt. Das wurde mir erst bewusst, nachdem ich vor kurzem mein 56 Jahre altes Tagebuch mit leichter Gewalt geöffnet habe, der Schlüssel dazu war lange schon nicht mehr da. Ich habe mich köstlich amüsiert bei dem Bericht, wie ich Rupert vor einem Kränzchen das Tanzen so leidlich beigebracht habe. Jedenfalls hatte er dann tatsächlich den Mut, andere Mädchen aufzufordern. Wichtig waren damals Rock ‚n' Roll und der Boogie. Die Schleicher waren eher unbeliebt, weil niemand eine besondere Nähe zum anderen Geschlecht bemerken sollte. Mir persönlich machte nach dem Rock'n' Roll der Charleston einen ganz besonderen Spaß, weil dabei den meisten Partnern die Puste ausging.

In Mode waren damals immer noch weite Röcke und darunter die Petticoats. Womöglich noch mit einem Reifen im Saum. Dazu wurde die Taille so gut wie möglich mit einem breiten Gürtel eingeschnürt. Diese Mode hatte bei Schularbeiten einen großen Vorteil: Die Schwindelzettel wurden auf den Petticoat genäht oder gesteckt und verwendet, indem der Rock unter dem Pult hochgezogen wurde, worum uns die Buben beneideten. Es war unvorstellbar, dass Mädchen ohne sportlichen Grund in Hosen herumliefen. Die Burschen konnten nur mit einer einzigen Möglichkeit die Erwachsenen schocken, nämlich durch bunte Ringelsocken. In diesen Socken hatte notfalls auch ein Schwindelzettel Platz.

Geschwisterliebe entdeckt, die Mode der engen Gürtel war Rupert egal

Einmal machten wir von der Schule aus mit dem Bus einen Schi-ausflug nach Wagrain. Ich muss den armen Lateinlehrer von Rupert ziemlich zur Verzweiflung gebracht haben. Wenn er mich zur Ruhe mahnte, sang ich einfach den damals aktuellen Schlager von Trude Herr: „Ich will keine Schokolade, ich will lieber einen Mann, ich will einen, der mich küssen und um den Finger wickeln kann". Jedenfalls erklärte der Lehrer am nächsten Tag sein Mitleid mit Rupert vor dessen Klasse. „Deine Schwester ist wie ein altes, rostiges Grammophon. Aber das kann man wenigstens abstellen."

Für meine Beziehung zu meinem Bruder gab es einen Moment, der bis heute seine Wirkung hat. Eigentlich waren wir beide wie Hund und Katze und stritten viel. An einem Wochenende waren die meisten Schüler heimgefahren, wir aber nicht. So beschlossen wir, auf den Berg zu wandern, der vor unserer Nase lag. Am Ende waren wir müde, setzten uns ins Gras und philosophierten über die Tatsache, dass in unserer Beziehung so viel Aggression zu finden war. Daraufhin beschlossen wir, das zu ändern. Wir standen auf, reichten uns feierlich die Hände und glaubten an unser neues Miteinander. Nicht umsonst, denn tatsächlich wurde an diesem Tag eine große Geschwisterliebe entdeckt, über die wir uns beide noch heute freuen dürfen.

Wie jämmerlich damals die Aufklärung für uns war, zeigte sich bei einem Besuch meiner Schulfreundin Waldi aus der Salzburger Zeit bei mir in Badgastein. Sie kam sehr gerne, weil es da einen Roland gab, der ihr gut gefiel, aber schwer erreichbar war. Einmal übernachtete sie wieder bei mir und wir diskutierten über das Geheimnis Sexualität. Ich war 16, sie 15 Jahre alt, beide unaufgeklärt, wie das damals meist der Fall war. Dass Mann und Frau unter der Decke Kinder zeugten, wussten wir wenigstens. Ich höre heute noch die Frage von der etwas besser informierten Freundin: „Ich verstehe nicht, warum die mitsammen SCHLAFEN müssen. Was ist denn, wenn sie nicht müde genug sind?" Ich selbst wusste bald danach Bescheid über die wichtigsten Fakten zur menschlichen Vermehrung, weil mir beim Lesen des Buches „Das Liebesleben der Vögel" der Knopf aufging.

Eisriesenwelt

Einige Mitschüler aus der siebten Klasse in St. Johann verdienten sich ihr Taschengeld als Führer in der Eisriesenwelt bei Werfen. Das ist immerhin die größte Eishöhle der Welt, die auf Grund der schwierigen Erreichbarkeit erst im Jahr 1879 entdeckt wurde. Nach einem Bericht in einer Zeitschrift des Alpenvereins wurde

Abenteuer in der
Eisriesenwelt

sie wieder vergessen und erst 1913 von Höhlenforschern wiederentdeckt. Inzwischen ist sie eine wichtige touristische Attraktion und durch ihre Eintrittsgelder eine wichtige Einnahmequelle für die Österreichischen Bundesforste, in deren Besitz die Höhle ist. Davon war 1959 noch nicht die Rede. Jedenfalls ermöglichten uns unsere Schulkollegen außerhalb der offiziellen Zeiten eine kostenlose Begehung. Die Höhle endet aber nicht mit dem Eis, sondern ist noch viel weitläufiger. Für uns war es natürlich toll, in verbotene Regionen zu kommen. Am Rückweg zum Höhleneingang rutschte eines der Mädchen aus und verletzte sich am Fuß. Es war eine ziemlich schwierige Aktion, sie ins Tal zu bringen. Wobei wir noch dazu nicht erzählen durften, wo der Unfall passiert war. Jedenfalls war der von uns im Tal mit Knetmasse und Mullbinden angefertigte „Gips" hilfreich und der Bruch heilte auch ohne Besuch im Krankenhaus ohne bleibenden Schaden aus.

So toll dieser Ausflug war, so sehr bedauerte ich, dass Wolfgang aus der Parallelklasse nicht dabei war. Ich war erstmals verliebt, was er vermutlich nie erfahren hat. Aber ihn anzuhimmeln, war schon Lebensfreude pur. Jeden Tag steht in meinem Tagebuch, ob ich Wolfi gesehen, Wolfi nicht gesehen oder Wolfi von weitem gesehen hatte. An einem bedeutenden Tag klebt ein kleiner, abgerissener Zettel mit irgendeiner Adresse im Buch. Darunter steht mit Herzchen geschrieben: „Heute gab mir Wolfi diesen Zettel, dabei hat er mich berührt!!!" Tja, es gab ja noch kein Fernsehen und wir alle waren ziemlich unerfahren. Für den späteren Verehrer Dietmar war ich nicht reif genug. Der fast lyrische Schriftverkehr zeigt von tiefen Gefühlen, wie sie die meisten Jugendlichen heute belächeln würden. Ich vermute, dass das Ende durch mich und meine Angst vor zu viel Nähe gekommen ist. Wahrscheinlich schade.

Ein Samstagsausflug brachte ziemlichen Ärger ein. Mit der Mitbewohnerin Sigrun aus unserer privaten Unterkunft bei dem Ärzte-Ehepaar plante ich, zum Goldegger See bei Schwarzach zum Schwimmen zu fahren. Per Autostopp war das kein Problem. Heute gibt es dort ein großes Sanatorium, damals gab es ein eher unberührtes Ufer. Wir fühlten uns wie im Paradies und es war nur logisch, dass auch andere Jugendliche dieses Glück genossen. Besonders solche von der Hotelfachschule in Bad Hofgastein. Spiel, Übermut und Jause auf der Wiese ließen uns die Zeit übersehen. Wobei wir noch unseren besonderen Spaß hatten, da ein Teil des Sees aus Moor besteht. Zu einem Problem wurde dabei eine Stelle, an der ich bis über die Hüften so tief eingesunken war, dass ich die Beine nicht mehr bewegen konnte. Einige Burschen erkannten die Situation und bildeten eine Kette, um mich herauszuziehen.

Bei einem Blick auf die Uhr konnten sich Sigrun und ich gut ausmalen, was in St. Johann unsere beiden leeren Stühle beim Abendessen auslösen würden. Wahrscheinlich vermutete man uns auf einer Bergtour und würde womöglich die Bergrettung verständigen. Wir fanden eine Telefonzelle und verständigten die Gendarmerie in St. Johann mit der Bitte, die Arztfamilie zu informieren. Wir würden am See übernachten, man solle sich keine Sorgen machen. Unsere Quartiergeber machten sich aber doch Sorgen und wir wurden in der Dunkelheit noch abgeholt. Nachdem wir die Letzten am See waren, waren wir froh, dort nicht alleine in der Wiese schlafen zu müssen. Als Folge bekamen wir drei Wochen Hausarrest. Dass außerdem meine Mutter in Badgastein verständigt wurde, machte die Sache nicht besser.

Einen viel schlimmeren Ärger bekamen wir am Tag der Zeugnisverteilung. Mit etlichen Mitschülern aus der siebten Klasse feierten wir schon am Tag davor. Dass ich aus der sechsten Klasse mitgehen durfte, war eine Ehre, aber es war ja mein letzter Tag an dieser Schule. An diesem Abend floss ziemlich viel Alkohol. Die Burschen hatten anscheinend alle Spirituosen, die während des Jahres gehortet worden waren, mitgenommen und bei einem Lagerfeuer wurde vieles davon durch die Kehlen entsorgt. Dann kamen einige auf die Idee, das Gemüsebeet des Direktors, welches sich am Ende des Schulhofs befand, zu plündern. Karotten wurden geerntet und gegessen, Schnittlauch und Petersilie ausgerissen, Blüten in einer Mütze gesammelt und Blumen ihrer Schönheit beraubt. Am nächsten Tag kam es zur polizeilichen Vernehmung der Beteiligten, wobei ich als einziges Mädchen nicht zu verheimlichen war. Ich hatte zwar eine Karotte gegessen, aber an der Verwüstung mich nicht beteiligt. So bekam ich mein Zeugnis mit Verspätung noch am gleichen Tag, die anderen erhielten dieses erst mit Schulanfang der Maturaklasse. Ich muss gestehen, dass die Gewissensbisse allgemein gering waren, dem Image des Direktors hat die Polizei-Aktion mehr geschadet als uns.

Ferien

Wie alle Kinder waren mein Bruder und ich der Meinung, die Ferien wirklich verdient zu haben, und konnten gut auf Schülerheim, bzw. Logis mit Familienanschluss verzichten. Ein kleiner Familien-Zirkus in Badgastein hinter unserem Haus bot erst einmal eine gute Abwechslung und wir waren hinter dem Besucherzelt bald Dauergäste. Damals war es noch nicht verboten, mit Löwen aufzutreten. Das herrlichste Schnurren meines ganzen Lebens wurde mir von Simba, dem Löwenbaby, beschert. Ich konnte es im Arm halten und kraulen. Im Hintergrund der Manege kam ich mir sehr wichtig vor, denn ich durfte auch mal den Besen in die Hand nehmen oder irgendein Futter verteilen.

Wir freundeten uns mit den Zoo-Pflegern an, wobei mein Favorit ein Tischler war. Er war schon älter und interessierte sich für mich ausschließlich zum Blödeln, mehr nicht. Ich himmelte ihn trotzdem an, denn sein Wissen über Tiere war einfach gewaltig. Außerdem war er blond, was mich an meinen Film-Schwarm Hardy Krüger erinnerte. Rupert fand die ganze Zirkus-Atmosphäre ebenfalls toll, so trampten wir später „unserem" Zirkus ins Salzkammergut und auch nach Innsbruck hinterher, nicht ahnend, dass diese Stadt später mein Leben bestimmen sollte.

Daneben waren wir oft mit dem Zug unterwegs und besuchten Schulkameraden. Es war der letzte Sommer in Freiheit vor dem Beginn der ungeliebten Lehre. Er sollte vor allem Bergtouren gehören. Einmal plante ich mit einer Gruppe aus Badgastein eine Tour auf die Hochalmspitze, die über 3300 Meter hoch liegt. Wir fünf waren sehr früh weggegangen und standen schon zu Mittag am Gipfel. Dort fiel unser Blick auf zwei weitere Gipfel, die zum Greifen nahe schienen. So schlimm konnte das doch nicht sein, diese ebenfalls noch zu erklimmen. Wir hatten uns total verschätzt. Bis wir dann mit dem Abstieg beginnen konnten, war es finster. Eine einzige Taschenlampe fand sich in den Rucksäcken, wir hatten nicht im Geringsten damit gerechnet, Licht zum Abstieg zu brauchen. Die Lampe bekam ein Mädchen, das bereits ziemliche Knieschmerzen hatte. Vollmond gab es keinen, aber wenigstens war der Himmel klar. Aus dem Abstieg wurde ein stundenlanges Stolpern durch Geröllfelder mit größeren Felsen, die laufend bei irgendjemandem zu Schmerzensrufen führten. Es war einfach kein Weg zu finden, wir mussten trotzdem hinunter, denn zum Übernachten hatten wir ja noch weniger dabei und das Handy gab es noch nicht. Jedenfalls war es nach Mitternacht, bis wir im Tal ankamen. Wie immer waren wir nach solchen überstandenen Abenteuern stolz und zeigten angeberisch die blauen Flecken an den herzeigbaren Stellen. Besonders für die Ellbogen wurden Pflaster benötigt, um die offenen Stellen zu verarzten.

Drei Monate später brauchten meine Freundin Emmi und ich wieder Pflaster für unsere Abschürfungen und kleinen Schnitte. Vor allem benötigten wir trockene Kleidung. Wir waren mit der Clique auf der Pochartseehütte im Nassfeld – heute Sportgastein – verabredet. Emmi und ich konnten erst etwas später starten und meine Freundin schlug eine Abkürzung vor. Wir hatten zwar eine Taschenlampe dabei, brauchten aber beide Hände, um uns an den Felsen festzuhalten, in die wir uns verstiegen hatten. Bis wir bei einem Wasserfall nicht mehr weiterwussten. Unsere Hilferufe hörte natürlich niemand, außer meinem Schutzengel. Wir kletterten weiter und versuchten, am nassen Fels nicht auszurutschen. So kamen wir nach vier Stunden auf der Hütte an, zu der man normalerweise 45 Minuten braucht.

Eine nächtliche Solotour absolvierte ich bei wunderschönem Vollmond auf eine Hütte in einer Mulde am Stubnerkogel. Ich hatte zehn Tage davor verspochen, zu einem gemütlichen Abend mit der Gitarre hinaufzukommen. Obwohl ich mit dem Singen eine große Freude hatte, vergaß ich einfach auf diesen Termin. Um 21 Uhr dachte ich daran. Um Gottes willen – mein Versprechen wollte ich nicht brechen. So einen Ruf wollte ich nie bekommen, da war ich eisern. Also blieb mir nichts anderes übrig, als die Gitarre in den Rucksack zu packen und die Tour zu starten. Sehnsüchtig betrachtete ich die Gondelbahn, die davor die anderen hinaufgebracht hatte. Dass ich mich bald schrecklich fürchten würde, hatte ich nicht geahnt. Immer wieder hörte ich knapp hinter mir ein Rascheln. Meine einzige Sorge war, dass mich ein Hirsch attackieren würde. Ich kapierte einfach nicht, dass bei bestimmten Bewegungen der Plastiksack raschelte, in welchem sich meine Gitarre im Rucksack befand. Um Mitternacht kam ich endlich auf der Hütte an, wo gerade alle schlafen gehen wollten. Es sei ohne Singen und Gitarre langweilig geworden. Das änderte sich schnell. Dass die alten Texte teilweise ziemlich anstößig waren, störte niemanden, man dachte darüber gar nicht nach.

Drogisten-Lehre in Badgastein

Mit siebzehn Jahren wurde es mit der Lehre, wechselweise in zwei Drogerien, ernst. Damals gab es noch keinen Schutz vor Gefahren durch Chemikalien für Lehrlinge. Wir waren zwei Mädchen, die gemeinsam die Ausbildung machten. Das Lager für eine der beiden Drogerien lag unter der Kirche, dunkel und kalt. Dort ging es darum, ätzende Flüssigkeiten wie Salzsäure und Ammoniak abzufüllen, was uns zu dummen Einfällen verhalf. Es lagerte dort auch silbrige Farbe, die zum Streichen von Ofenrohren verkauft wurde. Wir zogen unsere Pullover aus und versilberten unsere Arme bis zur Schulter. Mit einem Tuch über dem Kopf, das ebenfalls silbrig war, gingen wir zum fast im Erdreich gelegenen Kirchenfenster und klopften auf das etwas milchige Glas, sobald Spaziergänger im Anmarsch waren. Schaurige Bewegungen mit den Armen und schaurige Töne gehörten dazu. Dass wir hinter uralten, etwas trüben Fenstern agierten, war durch die steile Lage der Kirche, die auf Felsen gebaut ist, möglich. Seither glaube ich, dass noch viele Menschen an Gruft-Gespenster glauben. Jedenfalls waren wir imstande, Menschen in Panik zu versetzen. Ausgerechnet ein Polizist stolperte vor lauter Schreck und löste eine Suche nach dieser ungenehmigten Geisterbahn aus. Zur Strafe mussten wir an einigen Wochenenden zusätzlich im Lager arbeiten. Geliebt habe ich diese Lehre nie, was sich schon nach dem ersten Lehrjahr zeigte. Ich bekam ein Magengeschwür und lag drei Wochen lang im Krankenhaus in St. Johann im Pongau.

Eine Abwechslung zur Arbeit in Badgastein waren die zwei Tage pro Woche, an denen ich in das hundert Kilometer weit entfernte Salzburg fahren musste, sowohl in die Berufsschule als auch in die Fachschule. Meine positive Einstellung zu diesen drei Jahren rührte nur von der mir gegebenen Zusage her, dass ich nach Abschluss der Lehre die Drogistenakademie in Braunschweig besuchen würde dürfen.

Ein weiterer Lichtblick war für mich das Schifahren, das zu meinem Hobby wurde, zumal genügend Möglichkeiten vorhanden waren. Jetzt war meine Zeit der Hüttenbesuche gekommen. Ich traf mich mit zwei verschiedenen Gruppen in privaten Hütten am Stubnerkogel und am Graukogel, wo ich mit meiner Gitarre und den vielen Texten im Kopf gerne gesehen wurde. Noch lieber, wenn mein sangesfreudiger Bruder dabei war, der damals in Wien studierte. Kam er nach Hause, so hatte er bei meiner Mutter alle Freiheiten, während ich für den nächsten Tag in der Drogerie ausgeschlafen sein sollte, was sie überwachte. Wir lösten das Problem damit, dass am Balkon eine Leiter deponiert wurde. Sobald meine Mutter schlief, kletterten wir hinunter und machten uns mit Taschenlampen auf den Weg auf die Hütte, was ungefähr eineinhalb Stunden in Anspruch nahm. Dort wurden wir mit großem Hallo begrüßt und erst einmal mit dem üblichen „Jagertee" versorgt, einem heißen Tee mit Obstler. Als die „Reischl-Singers" hatten wir ein Sanges-Repertoire, das bis in die Morgenstunden ausreichte. Da ich ja morgens im Bett liegen musste, schlichen mein Bruder und ich beim ersten Licht ins Tal, was Einheimische öfters beobachteten. Weil Rupert kaum bekannt war, bekam ich schnell einen schlechten Ruf, da ich morgens mit einem fremden Burschen unterwegs war. Damals waren die Sitten in einem Ort, wo jeder jeden kannte, noch sehr streng.

Mit der Leiter ging es dann wieder auf den Balkon, wo ich eine Stunde später geweckt wurde und meine Mutter nicht verstehen konnte, warum ich so müde war. Dabei war sie ja eine sehr mutige Frau im Zusammenhang mit ihren beiden Kindern, wie mir erst jetzt bewusst ist. Wir suchten und aßen besonders gerne Pilze, was meinem Bruder und mir heute noch geblieben ist, wobei sich Rupert damit inzwischen ziemlich wissenschaftlich befasst. Unsere damaligen Kenntnisse bezogen wir aus einem Schwammerl-Buch und brachten dann meiner Mutter alles zum Kochen mit, was wir auf Grund des Pilzbuches für gut hielten. In dieser Zeit stand mein Schutzengel unseretwegen sicher unter Stress, denn nach heutigen Kenntnissen haben wir ziemlich oft Ungenießbares mitgenommen, Giftpilze aber anscheinend in so kleinen Mengen, dass sie keine Rolle spielten.

Ich war siebzehn Jahre alt, als ich für den Alpenverein in Badgastein eine Mädchengruppe gründete, um im Sommer mit diesen Dreizehnjährigen jedes Wochenende eine Bergtour zu unternehmen. Dazu fuhren wir mit dem Zug unter anderem öfters nach Kärnten, um von dort aus Touren zu starten. Immer ging es in der Früh um sechs Uhr los und am Abend kamen wir rechtzeitig zum Abendessen zurück. Nachdem solche Ausflüge mit Fahrgeld und Konsumation auf den Hütten das Taschengeld deutlich überstiegen, finanzierten wir uns selbst. Ich hatte die Gitarre dabei und sowohl im Zug als auch auf den Hütten sangen wir recht manierlich nette Lieder. Mit dabei war ein Sparschwein, das von begeisterten Zuhörern immer ausreichend gefüllt wurde.

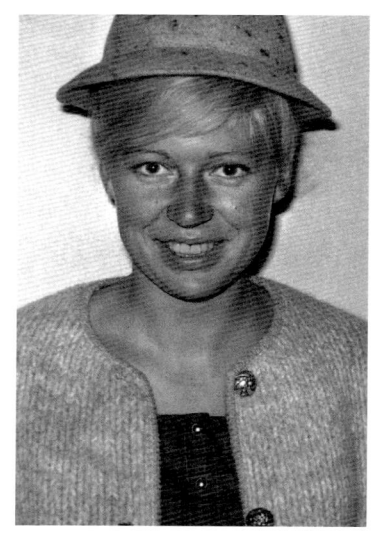

Alpenvereins-Jugendführerin

Heute überrascht es mich, dass Mütter ihre Kinder einer 17-Jährigen ohne eine weitere Begleitperson für das Gebirge so uneingeschränkt anvertrauten, denn wir waren ja alle sehr übermütig und die geplanten Berge doch recht hoch. Es konnte vorkommen, dass wir auf einer Hütte übernachteten, was ich aber davor ankündigte. Harmlose Verletzungen waren nicht zu verhindern; damals kam niemand auf die Idee, die Schuld bei mir oder anderswo zu suchen. Eigenverantwortung, auch von Teenagern, war einfach selbstverständlich.

Es war ein Gipfel der Kreuzeckgruppe mit anschließender Übernachtung auf einer Hütte geplant. Aus irgendeinem Grund war in einer Familie unser Ausbleiben nicht kommuniziert worden bzw. war die Mutter weggefahren und der Vater wusste nichts von der Übernachtung. Seine Sorge stieg, zumal er keine Möglichkeit hatte, andere Eltern zu befragen, wo die Kinder seien. Der Vater marschierte zur Gendarmerie, die vorsichtshalber eine Rettungskette startete.

Da es zwischen Badgastein und Mallnitz keine Straßenverbindung gibt, musste zuerst ein Güterzug ausgeforscht und angehalten werden, der vom Gasteinertal durch den Tauerntunnel nach Kärnten fuhr. Der Vater hatte daheim einen Zettel gefunden, auf dem „Polinik, 2748 Meter" geschrieben stand. Er konnte mit einem Gendarmen außer Dienst nach Obervellach mitfahren, wo der Gendarmerieposten zwei Bergsteiger organisierte, die zur Polinikhütte aufstiegen, welche rund 1000 Meter unter dem Gipfel liegt. Der Gipfel selbst war von mir nicht eingeplant gewesen, da seine Begehung sehr schwierig ist.

Auf der Hütte wurden im Lager dreizehn putzmuntere, ständig kichernde Mädchen angetroffen. Der nicht trittsichere Vater war im Posten geblieben und musste sich schon bald keine Sorgen mehr machen. Rückfahrtmöglichkeit gab es für ihn keine mehr, also bot man ihm im Polizeibüro ein Notbett an. Seiner Tochter war die Geschichte peinlich, die anderen Mädchen fanden sie aufregend und lustig.

Bergnot beim Riemannhaus

Am Wochenende vor dem Start zum großen geplanten Autostopp-Abenteuer mit meiner „Busenfreundin" Emmi war für mich schon wieder der Schutzengel gefragt. Mit einer anderen Freundin hatte ich eine Tour als Abschluss des Bergsommers vereinbart. Wir wollten auf das „Riemannhaus" im Steinernen Meer und dort übernachten. Das Mädchen sagte kurzfristig ab und ich war sauer. Um nicht sauer zu bleiben, beschloss ich, die Tour alleine zu machen, und fuhr per Autostopp nach Saalfelden. Im letzten Gasthaus wollte ich noch etwas trinken. Dort befand sich eine Gruppe junger Burschen der Bergrettung Tamsweg im Lungau auf Ausbildung. Diese jungen Männer meinten es gut und boten mir an, mich mit ihrem Jeep bis zum Fuß des Berges zu bringen, um mir den faden Fußweg bis zum Beginn des Anstiegs zu ersparen. Natürlich war ich froh über diese Wegverkürzung. Dass mich die jungen Bergretter in das falsche Tal führen würden, konnte ich ja nicht ahnen. Ich bedankte mich herzlich, nahm den Rucksack auf die Schultern und startete auf dem vermeintlich richtigen Weg in Richtung Riemannhaus.

Es wunderte mich schon, dass der Pfad eher schmal war, aber es musste wohl so sein. Oben in der Scharte würde ja die Hütte stehen. Als ich dort oben ankam, sah ich diese nicht und begann, sie zu suchen. Es war fast dunkel und ich entdeckte kein Licht. Ich befand mich jetzt auf der anderen Seite der Scharte, als es zu schneien begann. Nebel fiel ein und es dauerte nicht lange und ich hatte die Orientierung verloren. Im dichten Nebel irrte ich auf der falschen Seite der Schönfeldspitze suchend herum. Ich war müde und hätte mich liebend gerne hingesetzt. Allerdings war mir klar, dass ich gleich eingeschlafen und dann erfroren wäre. Dabei beschäftigte mich nur ein Gedanke: Wie machen die ein Begräbnis, wo sie mich doch erst nach der Schneeschmelze im Frühling finden?

Dem Umfallen nahe fand ich um vier Uhr früh die richtige Seite der Scharte und stieg hinunter zu einer Jagdhütte, wo ich mich kurz ausruhte, bevor ich um acht Uhr im Tal ankam. Ich schaute hinauf auf die Schönfeldspitze, wo die Wolkendecke aufgerissen hatte und sich ein blitzblauer Himmel über schneeweißen Gipfeln zeigte. Da fing ich an zu schluchzen, was eine Frau bemerkte. Als sie nach dem Warum fragte, konnte ich nur sagen, dass meine Tränen der Freude über diesen herrlichen Ausblick auf die Berge und der Dankbarkeit, in diesem Land zu leben, gehörten. Daheim angekommen, fiel ich ins Bett und schlief bis zu unserem Start nach Marseille am nächsten Morgen durch.

ABENTEUER MARSEILLE
MIT SCHUTZENGEL

Naive Planung

Es ist heute unvorstellbar, wie naiv und unaufgeklärt wir damals im Umgang mit dem anderen Geschlecht auch innerhalb der Clique waren. Es gab zwar einige Pärchen, wer aber solo war, blieb für Intimitäten tabu. Meistens schwärmten Emmi und ich für die gleichen Burschen, mehr als den Austausch von Zärtlichkeiten gab es einfach nicht. Bergsteigen und Schifahren war für uns alle das Thema Nummer eins, dazu kam Singen und Tanzen. Trotzdem war uns eines Tages unsere geregelte, heile Welt zu klein, wir wollten ein echtes Abenteuer erleben. Per Autostopp, was uns nicht im Geringsten gefährlich erschien. Wir würden ja nur mit einem einzelnen Mann oder mit einem Ehepaar mitfahren. Außerdem hatten wir eine Geheimsprache: Einmal Husten bedeutete, dass einer von uns der Fahrer nicht gefiel. Zweimal Husten war der Plan, ohne Hektik sich bei Gelegenheit höflich dankend zu verabschieden, und dreimal Husten bedeutete, den Zündschlüssel ehestmöglich zu ziehen, diesen beim Fenster hinauszuwerfen und zu fliehen.

Abschiedsparty vor unserem großen Abenteuer. Emmi rechts, Rupert links

In der Diskussion darüber, was beim späteren Erzählen möglichst dramatisch wirken würde, dachten wir an immer größere Entfernungen. Anfangs war die Schweiz im Gespräch, doch dann entschlossen wir uns für Marseille. Diese Stadt hatte wirklich einen schrecklichen Ruf und war damit für ein Abenteuer das richtige Ziel.

Nach dem morgendlichen Start Anfang Oktober 1962 lief alles wie am Schnürchen. Bei einem kurzen Aufenthalt in Innsbruck gaben wir einem Studenten Postkarten, in welchen wir unseren Müttern den angeblichen Urlaub in Innsbruck und Umgebung schilderten. Diese waren überrascht, wie sehr wir plötzlich kulturelle Gebäude oder einfach die Landschaft beschrieben. Jeden zweiten Tag musste der Bursche eine Karte aufgeben, was auch funktionierte. Niemals hätten unsere Mütter wissen dürfen, dass wir nicht wirklich in Innsbruck waren; wir waren beide so richtig gut behütet. Es war damals leicht, nicht erreichbar zu sein, weil es ja kein Handy gab.

Ausgestattet waren wir mit einem alten Seemanns-Seesack, in dem alles untergebracht war, verschlossen mit Kette und Schloss. Wenn wir irgendetwas brauchten, mussten wir uns oft bis zum Boden hinunter durcharbeiten. Welchen Eindruck wir mit diesem Sack auf Autofahrer gemacht haben, weiß ich nicht. Ich hatte meine blonden Haare zu Zöpfen geflochten, Emmi hatte kurze Haare. Beide trugen wir einen Walkjanker. Gefährlich sahen wir sicher nicht aus, und so nahm uns nach dem Arlbergpass ein Norweger mit, der nach Spanien unterwegs war. Er bot uns an, mit ihm in dieses Land mitzufahren. Nach kurzer Überlegung lehnten wir ab, weil Spanien lange nicht so gefährlich klang wie Marseille. Was uns in dieser Hafenstadt wirklich erwartete, ahnten wir in unserer Naivität nicht.

Avignon und das Bordell

Der Norweger hatte Marseille nicht auf seiner Route und setzte uns in Avignon ab. Es war 22 Uhr und wir wollten nur irgendwo in einem Bett übernachten. Ein heruntergekommenes Hotel befand sich gleich in der Nähe und die Chefin bot uns ein Zimmer im dritten Stock an. Eine Wendeltreppe führte dorthin und nach der Ansprache von zwei Männern begriffen wir endlich, dass wir in einem Bordell gelandet waren. Wir fanden das witzig, bis wir merkten, dass die Zimmertüre nicht zu versperren war. So rückten wir ein Möbelstück davor und legten uns ins Bett, begeistert davon, dass wir schon jetzt daheim etwas Besonderes berichten konnten.

Wir befanden uns bereits im tiefen Schlaf, als jemand versuchte, die Tür mit Gewalt zu öffnen. Verschlafen brachten wir uns sofort in Sicherheit und als wir endlich wirklich wach waren, befanden wir uns im Kleiderkasten. Wir konnten uns vor Lachen kaum beruhigen über diese Lage. Da wollten wir bis Marseille und versteckten uns 100 km davor in einem Schrank! Jedenfalls landeten wir am nächsten Tag tatsächlich in Marseille. Dort war die Suche nach einem Zimmer einfach und gleich erfolgreich.

Es wurde ein unglaublicher Urlaub. Es war Oktober und bei blauem Himmel wehte der Mistral, was die Farben von Felsen und Meer umso intensiver wirken ließ und jede Wanderung zu einem Erlebnis machte. Nach gut einer Woche saßen wir abends im Freien in einem Café und plauderten mit zwei jungen Männern. Die meinten dann, dass sie am nächsten Tag nach Saint-Tropez fahren würden, und boten an, uns mitzunehmen. Entsetzt lehnten wir zunächst ab. Danach mussten wir lachen, weil wir ja sowieso immer auf ein Abenteuer aus waren. Saint-Tropez war damals durch Brigitte Bardot der berühmteste Ort für die High Society mit dem Ruf eines Sündenpfuhls. Diese Chance konnten wir uns nicht entgehen lassen. Also waren wir am nächsten Morgen um 8 Uhr parat zur Abfahrt.

Saint-Tropez

Auf der Fahrt gab es einige Unterbrechungen, um in den unendlich langen Hainen süßer, blauer Weintrauben etliche davon im Mund verschwinden zu lassen. Nach einigen Stunden kamen wir in Saint-Tropez an und wie geplant gingen wir zum Schwimmen an den Strand. Emmi und ich lagen in der heißen Sonne und blinzelten uns vergnügt an. Da schlugen die Burschen vor, doch mitzukommen, um eine Pizza zu besorgen. Einerseits wollten wir uns nicht extra anziehen und andererseits wussten wir nicht, was eine Pizza ist. So fuhren die beiden alleine weg. Erst da wurde uns bewusst, wie leichtsinnig wir waren. Was wäre, wenn sie nicht zurückkämen? Unsere Sachen waren im Auto und wir wären nur mit Badeanzug, ohne Kleidung, Pass oder Geld im sündigen Saint-Tropez am Strand festgesessen. Wir waren erleichtert, als die beiden Männer wiederkamen. Sie schlugen vor, die Pizza in der Hütte ihrer Eltern zu verspeisen. Davon hatten sie davor nichts erwähnt, aber wie immer waren wir neugierig. Auf die Idee, dass die beiden sich doch eine interessante Nacht erwarteten, kamen wir nicht. Die „Hütte" entpuppte sich als elterliche Luxusvilla mit Luxusgarten, wir waren sprachlos. Bald saßen wir auf der Terrasse mit der Pizza am Tisch. Die beiden merkten, wie ungewohnt dieser Luxus für uns war, und wollten ihren Reichtum beweisen und damit angeben. Weil wir vom Champagner nur nippten, schütteten sie den Rest der Flasche einfach über das Geländer der Terrasse hinunter. Später spielten wir Tischtennis und alleine von der Atmosphäre her fühlten wir uns benommen und kicherten pausenlos. Wir hatten ausgemacht, dass eine von uns nüchtern bleiben müsste, weshalb wir später zu diesem Zweck die Weingläser unauffällig mehrfach tauschten. Es war meine Aufgabe, den Verstand zu behalten. Wie gerne hätten wir diese Situation dokumentiert, wir hatten aber von Anfang an keine Kamera dabei. Würde man uns daheim das alles glauben?

Am Abend war ursprünglich das Zurückfahren nach Marseille geplant. Davon wollten die beiden Männer nichts wissen. Uns war das egal, wir waren uns sicher, dass wir uns schon gewehrt hätten, wenn irgendetwas gegen unseren Willen geschehen sollte. Es gab kein Problem, als wir alleine in unserem Schlafzimmer verschwanden. Für uns war das nur logisch und normal. Jedenfalls akzeptierten die beiden unser Verhalten ohne Missmut und am Morgen ging es fröhlich zurück nach Marseille, wieder mit Unterbrechungen in den großartigen Weinbergen.

Am nächsten Tag fuhren Emmi und ich zur Felsenküste. Dort herumzukraxeln, war ein besonderes Erlebnis. Der Mistral blies uns um die Ohren und unten sahen wir das mit vielen weißen Schaumkronen versehene Meer. Dazu eine glitzernde Sonne, es war wie in einem unwirklichen Märchen und ein wenig traurig dachten wir an die in einigen Tagen bevorstehende Rückfahrt – wieder per Autostopp. Zu früh fanden wir, dass Marseille völlig ungefährlich sei.

Rettung durch Polizei

Den letzten Abend unseres Urlaubs wollten wir im „Stammlokal" verbringen, wo wir Tischtennis spielten. Als wir zu unserem Platz zurückkamen, saßen dort zwei unbekannte Burschen. Einer sympathisch, einer unsympathisch. Ersterer sprach recht gut Deutsch und unterhielt sich mit Emmi. Ich versuchte, mit dem mir eher unsympathischen Typen mein Französisch zu üben. Plötzlich meinten die beiden, sie würden uns ein deutsches Lokal zeigen. Das war ja verlockend, also marschierten wir mit. In dem Lokal wurde tatsächlich Deutsch gesprochen, aber für uns war der Empfang eher schrecklich, denn wir wurden angegafft und fühlten uns ausgelacht. Nichts wie weg von hier. Na ja, da gehen wir halt mit den beiden noch einen Kaffee trinken und dann heim, denn schließlich wollten wir ja am nächsten Tag die Rückfahrt antreten.

Der Nettere von den beiden Männern zeigte Emmi seinen Studentenausweis und die beiden lachten viel. Ich wollte verhindern, dass ich meinen Sitznachbarn als Begleitung ins Urlaubszimmer hatte, und fragte auf Deutsch den anderen Studenten, ob er Emmi dann heimbringen würde, was dieser bejahte. Dass mein Plan, kurz vor Mitternacht alleine, am Hafen entlang in unsere Herberge zu laufen, leichtsinnig war, kam mir nicht in den Sinn. Aber mein Schutzengel passte ja auf.

Im Zimmer irritierte mich, dass Emmi nicht kam. Endlich – nach Stunden – erschien sie völlig aufgelöst und verheult. Geschockt sagte sie, dass unten die Polizei warten würde und sie gleich wieder hinuntermüsste, wenn ich nicht hier sei. Gut, ich war ja da und die Polizisten konnten beruhigt wegfahren. Dann erzählte mir meine zitternde Freundin, was passiert war:

Nachdem ich quasi geflüchtet war, wollte auch sie zurück in unser Zimmer. Ihr Begleiter blieb am Hafen kurz stehen und fragte sie, ob sie noch eine kurze Bootsfahrt machen wolle. Logischerweise war Emmi begeistert, zumal wir am Abend davor gemeint hatten, dass wir alles außer einer dämmrigen Bootsfahrt erlebt hätten. Sie stand mit ihrem Begleiter keine zehn Minuten am Hafen, da kam ein großes Polizeiauto und sieben Polizisten sprangen heraus. Der Bursche war schneller in den Bus befördert als Emmi. Die meinte nämlich, dass die Polizisten verkleidete Banditen wären und biss und kratzte diese. Endlich saßen beide verhaftet im Auto. Dem angeblichen Studenten wurden die versteckten Waffen und der tunesische Pass abgenommen. Nach der Wegnahme des Passes von Emmi begannen die Polizisten zu funken. Emmi hatte schreckliche Angst, dass gleich nach Österreich gefunkt würde und unsere Mütter Bescheid bekämen. Irgendwann wurden die Polizisten freundlicher und klärten sie darüber auf, welch unglaubliches Glück wir beide gehabt hatten. Die Polizei hatte einen geheimen Hinweis bekommen, dass wir schon seit Tagen von einer tunesischen Bande von Mädchenhändlern für Bordelle beobachtet worden waren. Die Bootsfahrt war längst geplant gewesen, wir wären auch mit Gewalt auf das Schiff gezogen worden. Weil aber ausgerechnet ich als gefragte Blondine momentan nicht greifbar war, wollte man noch zuwarten, um auch mich zu erwischen. Beide Männer aus dem Tischtennis-Café gehörten zur Bande. Den Polizisten war klar, was mit uns passiert wäre. Wir selbst waren davon überzeugt, dass wir niemals in Tunesien im Bordell gelandet wären, weil wir gemeinsam über Bord gesprungen wären.

Nach dem ersten Schock wagten wir es trotzdem, am nächsten Tag per Autostopp Richtung Heimat zu fahren, der Zug hätte am Lehrlingsgehalt sehr genagt. Wieder hatten wir Glück und kamen noch am gleichen Tag an die Grenze zu Österreich. Ein Ehepaar hatte uns bis Klösterle in Vorarlberg mitgenommen, dort verließ uns der Erfolg beim Autostoppen. Zum Glück hatten wir noch Geld für eine Zugfahrt bis nach Badgastein. Ich sehe heute noch das entsetzte Gesicht meiner Mutter über mein nicht gerade ge-

pflegtes Aussehen mit dem Ausruf „Ich komme aus Marseille!"
Sie war eine kluge Frau und empfahl mir und Emmi, nicht über
unsere Abenteuer zu berichten. Diese Aufforderung war sinnlos,
denn wir brannten nur darauf, in unserer Clique damit anzugeben. Dumm nur, dass damals in Badgastein die Sommersaison
gerade zu Ende war und der Ort ausgestorben war. Es gab nur die
Einheimischen und die hatten wegen der Langeweile lange Ohren. So wurden unsere Erzählungen mit dem Bordell in Avignon
und dem Polizeieinsatz zusammengeworfen und das Endergeb-
nis war niederschmetternd: „Die Emmi und die Inge wurden in
Frankreich in einem Bordell erwischt und dann per Polizeischub
nach Österreich gebracht."

Menschen, die uns kannten, glaubten diese Geschichte nicht.
Es gab aber auch Erwachsene, die uns nicht kannten und denen
nun endlich einmal ein spannender Bericht über Einheimische
zu Ohren kam. Unsere Mütter schämten sich sehr, aber teilweise
mussten sie über den Blödsinn auch lachen. Emmi selbst nahm
sich dieses Ruinieren ihres Rufes so zu Herzen, dass sie auswan-
derte. Sie ging als Stewardess nach Island, wo sie heute noch lebt.
Sie hat dort geheiratet und wenn sie wieder einmal nach Badgastein auf Besuch kommt, sieht man ihr an, dass für sie ihre Entscheidung richtig war und sie glücklich wurde. Ich selbst nahm
den schlechten Ruf als Lernprozess hin. Nie einem Gerede glauben, welches man nicht aus erster Hand hat! Oft wurde ich noch
nach vielen Jahren gefragt, was an der Puff-Polizei-Geschichte
eigentlich wahr sei.

BRAUNSCHWEIG

Drogistenakademie

Inzwischen hatte ich meine Lehre beendet und bereitete mich auf die Drogistenakademie in Braunschweig vor. Ohne ausgebildete Drogistin zu sein, wurde man an der einzigen Hochschule dieser Art nicht aufgenommen. Noch ahnte ich nicht, dass das eine unvorstellbar lustige Zeit werden sollte. Es gab damals noch kein Fernsehen und nur wenige Kontakte mit „Alpenländlern". Das Autobahnnetz war noch nicht so perfekt, die Autos nicht so schnell und Flugreisen gab es kaum. Umso mehr waren die Menschen beglückt, wenn sie einen österreichischen oder bayrischen Dialekt hörten. Das weckte immerhin manchmal Erinnerungen an den Urlaub. In der Akademie hatte ich sofort den Spitznamen „Pepperl".

Wir waren achtzig Studenten. Bis auf einen Somalier, einen Tiroler und mich als Salzburgerin kamen alle aus Deutschland. Der großgewachsene Innsbrucker namens Wolfgang, der wirklich wie ein Ur-Tiroler wirkte, wurde oft dank seines ausgeprägten Innsbrucker Dialekts nicht verstanden. Er war ein immer hilfsbereiter und beliebter Mitstudent, den ich leider aus den Augen verloren habe, zumal ich damals noch in Badgastein wohnte.

Ich hatte ein Zimmer bei einer älteren Dame, die von meiner Aussprache genauso begeistert war wie die Polizisten, mit denen ich bald in Kontakt kam. Wir hatten irgendwo etwas in einer Gruppe gefeiert. Ich war wie immer mit dem Fahrrad unterwegs. Einer der Studienkollegen hatte einen beachtlichen Rausch und ich bot an, ihn am Gepäcksträger zu seiner Bude zu fahren. Das gefiel den gerade Streife fahrenden Polizisten gar nicht, wir wurden aufgehalten und mitsamt dem Fahrrad in der „grünen Minna" mitgenommen. Wie die Beamten mir später erklärten, hatte sie nur empört, dass ich als Frau einen Mann auf dem Gepäckträger hatte. Kaum waren wir auf dem Posten, hatte ich mit meiner Lebensfreude und Fröhlichkeit die Polizisten um den Finger gewickelt. Ich bekam Schokolade und Limo und unterhielt die Beamten noch einige Zeit lang. Nicht ohne auszumachen, dass ich noch öfters auf Besuch kommen würde, was ich auch einhielt.

Narrenfreiheit bei der Polizei

Ein halbes Jahr später „missbrauchte" ich meine neuen Freunde. Ich war mit einigen jungen Braunschweigern zum Schifahren im Harzgebirge verabredet. In diesem Mittelgebirge gab es immerhin schon einen Sessellift und einen Schlepplift. Ich freute mich riesig darauf, mit geliehener Ausrüstung Schi zu fahren. In der Akademie waren Abschlussprüfungen in Chemie angesagt, ich wusste aber, dass ich nicht drankommen würde, weil meine Note schon feststand. Irgendwie spürte der Direktor, dass ich mich verdrücken wollte, und machte mich darauf aufmerksam, dass Anwesenheitspflicht bestand. Ich kam in Panik, immerhin hatte ich ja mein Mitfahren ins „Gebirge" fix versprochen. Ich schnappte mein Fahrrad und fuhr zu meinem Polizeiposten und bat, man möge doch in zehn Minuten im Sekretariat der Akademie anrufen und mich verlangen, bis dahin war ich ja wieder dort. Ich würde dann den Hörer entsetzt hinknallen und abhauen. Das würde wohl für eine Entschuldigung meines Verschwindens reichen, eine Ausrede würde ich mir später ausdenken.

Mein Plan funktionierte und ich verließ nach dem Anruf der Polizei in gespielter Panik die Akademie. Nachdem ich weg war, rief der Direktor besorgt bei der Polizei an und wollte wissen, was los sei. Er bekam nur die Antwort „Wir dürfen keine Auskunft geben" und schloss daraus, dass es für mich eine schlimme Nachricht gewesen war, das Mitleid war mir sicher. Welche Ausrede ich am nächsten Tag hatte, weiß ich nicht mehr. Allerdings sehe ich heute noch das Gesicht der Fassungslosigkeit des Direktors zwei Jahre später. Er hatte mich nämlich mit seiner Frau in Badgastein besucht. Da gestand ich dann die Aktion mit der Polizei. Nachdem er sich gefangen hatte, bestätigte er mir schauspielerische Fähigkeiten.

Mein Ehrgeiz, eines Tages den „Bierdoktor" zu machen, wirkt bis heute nach. Die Bedingung dazu lautete, innerhalb von 10 Minuten zwei Liter Bier aus einem gläsernen Stiefel zu trinken, danach eine Zigarette zu rauchen und zwei Stunden sitzen zu bleiben. Ich ging davon aus, dass ich zwei Liter Milch schaffen würde, also müsste das auch mit Bier gehen. Nur hatte ich diese Rechnung ohne die Kohlensäure gemacht, die ja auch in meinen Magen sollte. Der erste Liter ging locker durch die Kehle und war nach wenigen Minuten erledigt. Der nächste halbe Liter kostete mich schon ziemlich viel Überwindung. Der letzte halbe Liter erzeugte nur noch Ekel und war bloß möglich, weil ich mit aller Kraft verhindern wollte, als Angeberin dazustehen. Noch heute habe ich den immer schlimmer werdenden, grauenhaften Geschmack im Mund. Ich kann seither kein Bier trinken, weil einfach der Geschmack mit der Erinnerung an diese letzten Schlucke verbunden ist. Normalerweise entsteht eine totale Abneigung gegen Bier durch einen schlimmen Rausch, von einem Kater blieb ich jedoch verschont. Obwohl an diesem Abend meine Geradlinigkeit beim Gehen nicht mehr gegeben war, war der folgende Tag ohne Kopfweh.

Natürlich hatte ich auch andere dumme Ideen und fand dazu Helfer. Prostitution war durch Hamburg mit seiner Herbertstraße berühmt. In Braunschweig gab es dazu ein Gegenstück,

Böser Streich in Braunschweig

die Bruchstraße. Männer, die da hineingingen, sollten von uns einen Denkzettel bekommen, wir alle fanden die Prostitution abstoßend. So fabrizierten wir ein großes Plakat mit der Aufschrift „Heute Sonderpreise" und befestigten es am Eingangstor in diese Straße. In der Umgebung waren noch viele Menschen unterwegs, sodass das Schild von den Stadtbewohnern wahrgenommen wurde. Die Leute blieben stehen, lachten, plauderten und warteten auf die durch die Tür kommenden, nichts Böses ahnenden Freier, die von uns im Outfit von Reportern fotografiert wurden. Natürlich hatten wir nicht die geringste Absicht, mit den Fotos Schlimmes zu machen, zumal ja gar keine Filme in den Kameras waren. Trotzdem vermute ich, dass so mancher Ehemann seine Besuche in der Bruchstraße eingestellt hat.

Zu meinen Erinnerungen an Braunschweig gehört auch ein Geschmack einer bestimmten Süßigkeit, die man heute noch kaufen kann. Ich hatte bei einem Kochkurs Karin kennengelernt, mit der ich noch einige Jahrzehnte in Kontakt blieb. Damals – 1964 – war gerade der Bounty-Riegel mit der Kokos-Füllung auf den Markt gekommen. Das Taschengeld reichte für den Kauf eines Bountys pro Woche, was zur Zeremonie wurde. Jeden Freitag kam Karin nach dem Kochkurs zu mir. Zuerst kochten wir Nudeln und gaben diesen irgendeinen Geschmack, während wir uns schon darauf freuten, zum Würstelstand zu gehen. Dort gab es unser köstliches Bounty, das heute noch gleich schmeckt wie damals und auch die gleiche Verpackung hat. Um diesen süßen Luxus länger genießen zu können, gingen wir wieder in mein Zimmer und quatschten bis nach Mitternacht.

Ein besonderes Thema war die Hygiene-Vorlesung, die jeden Mittwochabend derselbe Arzt hielt. Sein Lieblingsthema waren die Geschlechtskrankheiten und deren Übertragungsgefahren. Aufklärung hatten wir tatsächlich früher in keiner Schule bekommen, der Dozent wollte ungewollte Schwangerschaften einschränken (es gab noch keine Pille) und vor allem Syphilis verhindern. Nachdem wir uns nicht als Gefährdete fühlten, nahmen wir den Dozenten nicht besonders ernst, weshalb einige Mitstudenten zum Zeitvertreib unsinnige Fragen stellten. Der Professor meinte es gut mit uns, dass er auf die Schaufel genommen wurde, merkte er nicht.

Unfug im Labor

Um vieles interessanter waren die Nachmittage im Labor. Der schönste Tag war, als wir ganz alleine bestimmen durften, was wir mit Bunsenbrenner und Ähnlichem anfangen wollten. Ich brachte

Prüfungsfoto Drogistenakademie

eine Flasche Schnaps, Teebeutel und Zucker mit, denn das Rezept für den originalen „Jagertee" sollten einfach alle kennenlernen. Nachdem dieses Getränk auch dem Assistenten unserer Arbeiten hervorragend geschmeckt hatte, bekam ich für mein Produkt großes Lob. Nur in einem anderen Fall wurde uns Lob verwehrt. Wir hatten uns ausgerechnet, wie wir eine kleine Explosion verursachen könnten. Leider war sie größer ausgefallen als geplant und wir mussten den Schaden bezahlen.

Gut ausgerüstet waren wir im Foto-Lehrinstitut, welches damals das modernste Europas war. Erstmalig gab es auf einer Akademie auch ein Farb-Foto-Labor. Für die Abschlussprüfung mussten wir ein Schwarz-Weiß-Bild abgeben. Bei einem Besuch einer Freundin im Salzkammergut hatte ich einige Schnappschüsse mit einem bzw. zwei Raben geschossen, die ich einreichte. Damals gab es noch keine Digitalkameras, sodass jedes gelungene Bild etwas Besonderes war. Meine Fotos waren so gut, dass sich der Professor die Negative unter den Nagel riss und später behauptete, jemand müsste sie irrtümlich vernichtet haben. Wenigstens hatte ich mir davor einige Abzüge machen lassen.

Ost-Berlin

Ich war nicht nur an Blödsinn interessiert, sondern auch an ernsteren Dingen, wie zum Beispiel der Berliner Mauer. In Ostberlin hatte ich eine Brieffreundin namens Ulrike, die ich unbedingt besuchen wollte. Für Westdeutsche war der Besuch teilweise schwierig, aber ich hatte ja einen österreichischen Pass. Davor hatte ich einen Vortrag vom genialen politischen Redner William Borm gehört, der uns jungen Zuhörern die vielen familiären Tragödien des geteilten Deutschlands vermittelte, deren Unfreiheit und Bespitzelung wir uns gar nicht vorstellen konnten. Wer in die Kirche ging, stand schon auf einer Liste, als wäre man ein Terrorist. William Borm rief uns dazu auf, keine Möglichkeit auszulassen, Wahrheiten zu erfahren.

Das war für mich die Aufforderung, Ulrike in der DDR zu besuchen. Ich hatte die Adresse und fuhr mit dem Zug von Braunschweig nach Berlin. Der einzige mir bekannte West-Ost-Übergang war Checkpoint Charlie, wo vorwiegend Ausländer einen Zugang hatten. Es war bereits 19 Uhr und dass ich völlig allein in die DDR einreisen wollte, erregte besonderes Misstrauen. Ich musste meinen Pass abgeben, mit dem die Kriminalbeamten verschwanden. Als sie zurückkamen, sah ich nur noch in hasserfüllte Augen. Man hatte im Umschlag meines Passes die Informationen zum Vortrag von William Borm mit einem Foto von ihm gefunden. Das Programm wurde zerrissen und der Uniformierte wollte gerade das Gleiche mit dem Foto tun. Das machte mich so wütend, dass ich über den Zoll-Sockel zwischen mir und den Männern sprang, das Foto an mich riss mit den Worten: „Und das werden sie nicht zerreißen!" Ich selbst war über mich genauso sprachlos wie die Männer. Ich nahm meinen Pass und marschierte einfach nach Ostberlin hinein. Dort setzte ich mich erst einmal auf einen Stein und versuchte, mit dem Zittern aufzuhören.

Was sollte ich jetzt tun? Die Straßen waren wie tot, ich konnte niemanden fragen, wo sich die Adresse befand, an der Ulrike wohnte. Außerdem brannten nirgends Laternen, die Stadt war finster, wie ausgestorben. Vermutlich schützten sich die Bewohner gegen die ständige Bespitzelung durch dichte Vorhänge. Ich schlenderte bis zwei Uhr früh durch die Gegend, fand keine Telefonzelle und keinen Menschen für eine Auskunft. Außerdem fror ich inzwischen jämmerlich. Meine Angst vor der Rückkehr über den Grenzposten versuchte ich mit dem Wissen zu bekämpfen, dass um zwei Uhr die Mannschaft Dienstwechsel hatte. Anscheinend hatte man meinen Auftritt verschwiegen, ich konnte zurück und am Morgen mit dem Zug nach Braunschweig fahren.

Meine Faszination für Willliam Borm fand ein spätes Ende nach seinem Tod. Er war 1978 gestorben und bekam für seine Friedensbemühungen zwischen Ost- und Westdeutschland ein Ehrengrab in Berlin. Bald darauf erkannte man, dass er als westdeutscher Politiker eng mit der Geheimpolizei, der Stasi, zusammengearbeitet hatte, woraufhin er aus dem Ehrengrab herausgeholt und umgelegt wurde. Die Stasi in der DDR arbeitete eng mit dem russischen Geheimdienst zusammen. Hunderttausende Mitarbeiter waren mit der Bespitzelung der Bevölkerung beschäftigt. Sie alle waren für den Überwachungs- und Repressionsapparat zuständig. Auf Befehl der Stasi wurde gefoltert und Terroristen wurden ausgebildet. Erst 1989/90, nach dem Fall der Berliner Mauer, verlor die Stasi ihre Macht.

Eine andere Zugfahrt in die DDR brachte mich nach Leipzig. Ich wollte die Schwester meiner Großmutter, Tante Hannchen, kennenlernen, die in Brandis bei Leipzig wohnte. Sie hatte mir jahrelang zu jedem Geburtstag und zu Weihnachten mit der Post ein Geschenk aus böhmischem Glas geschickt. Immer waren die Gläser unversehrt angekommen.

Diesmal hatte ich offiziell um ein Visum angesucht und konnte ohne Schwierigkeiten mit der Bahn fahren, deren Fahrplan allerdings zum Problem wurde, da ich kurz nach Mitternacht starten musste. Lachen musste ich am Bahnhof in Leipzig, als folgende Durchsage kam, die etwa so klang: „Laipzsch, Endstation, olles naushuppen". Da stand ich nun in einer Stadt, von der aus es keine weitere Verbindung nach Brandis gab. Heute wüsste man das schon davor aus dem Internet, damals bekam man über die Verbindungen in der DDR nirgends eine Auskunft.

Vorerst einmal erkundigte ich mich nach der Richtung, in der Brandis lag, und spazierte zwei Stunden, bis ich die richtige Straße dorthin gefunden hatte. Die Straße war ohne Autos, diesen Luxus hatte kaum jemand. Trotzdem hoffte ich, per Autostopp bald in Brandis zu sein. Nach einer Stunde hörte ich ein Motorengeräusch und war voller Hoffnung. Es war ein russischer Jeep mit zwei Soldaten. Natürlich durften sie niemanden mitnehmen, Mitleid hatten sie mit dem blonden Mädchen trotzdem und ließen mich einsteigen. Mir war klar, dass ich mich ducken musste, falls wir unter Menschen kamen. Das war nicht der Fall, die Straßen waren auch weiterhin leer und unbefahren. So konnte ich schon am frühen Vormittag meine alte Tante überraschen, die gleich alle Nachbarn über diesen sensationellen Besuch informierte. In ihrer Wohnung hatte niemand Angst, mich auszufragen, ob die schrecklichen Dinge aus dem Westen, mit denen laufend die Gehirne behämmert wurden, wirklich stimmten. Diese Nachbarn berichteten mir ebenfalls von ihrer Unfreiheit, was mich zutiefst erschütterte. Dazu die vielen Lügen, die über den Westen verbreitet und von den Jungen geglaubt wurden, weil sie keine andere Möglichkeit für Informationen hatten. Fernsehen gab es nur zensuriert aus der DDR selbst. Dankbar über meine eigene Situation kehrte ich am Abend in den „schrecklichen" Westen nach Braunschweig wieder zurück.

Nach der erfolgreichen Beendigung der Akademie wollte ich erst einmal Geld verdienen. Das gelang durch eine Anstellung in einer Drogerie in Klagenfurt am Wörthersee. Durch Überstunden verdiente ich genug zum Abzahlen meines VW Käfers und für den Aufenthalt in Paris mit dem Besuch der Sprachschule Alliance Française. Heute kann man sich kaum vorstellen, dass ich sechs Monate mit einer Siebentagewoche ohne einen einzigen freien Tag durcharbeiten musste. (Meine spätere Siebentagewoche beim Tierschutzverein war ja ehrenamtlich.)

Schiberaterin bei Karstadt

Den Ruf, ein naiver Alpenmensch zu sein, konnte ich in Braunschweig an einem Nachmittag voll erfüllen. Es war nach dem Abschluss der Akademie, da nahm ich im Herbst bei Karstadt für drei Monate den Posten einer Schiberaterin an. Damals hatte ich bereits einen VW Käfer und war beim Bahnhof unterwegs, als ich vor mir ein Auto mit Salzburger Kennzeichen sah. Lautes Hupen, freudiges Umarmen mitten auf einer Kreuzung und das Aufsuchen des nächsten Parkplatzes waren die Folge. Der junge Mann aus Salzburg besuchte die Deutsche Müllerschule, die es, wie die Drogistenakademie, nur in Braunschweig gab. Wir hatten beide das Talent zum Unsinn und trafen uns am nächsten Tag für einen besonderen Abschleppdienst: Braunschweig hat eine sehr verwinkelte Innenstadt mit einem Einbahnverkehr. Wir wollten einfach die dummen Alpenmenschen spielen. Bei mir sollte das Auto kaputt sein, der Vordermann würde dieses mit einem Seil abschleppen, das länger war als jeweils die Strecke zwischen den eckigen Straßenwindungen. Das ging natürlich nicht. Darum stieg der Fahrer vom vorderen Auto an jeder Kurve wieder aus und kam zu mir zurück. Gemeinsam schoben wir meinen Käfer um die Kurve, damit das Schleppauto wieder einige Meter gerade fahren konnte. Die Zuschauer bogen sich vor Lachen und wussten manchmal nicht, ob wir blödelten oder wirklich so doof waren. Wir mussten uns das Lachen selbst verkneifen und hatten viel Spaß daran, die verzweifelten Idioten zu spielten.

Weniger zum Lachen war eine Autofahrt mit meinem VW Käfer einige Zeit später. Ich war in der Früh in Braunschweig gestartet und fuhr ohne Pause in Richtung Badgastein. Vermutlich war es sogar gut, dass ich durch die Müdigkeit nach neunhundert Kilometern im Unterbewusstsein richtig reagierte. Bis Dorfgastein war ich schon gekommen. Die breite Straße war leer, ein einziges Auto kam mir entgegen. Ich fuhr fast hundert Stundenkilometer und hatte den Wagen eines Deutschen auf meinem Fahrstreifen plötzlich genau vor mir. Den anderen Fahrer hatte die Ehefrau soeben auf ein Gasthaus aufmerksam gemacht, das auf meiner Straßenseite lag. Hunger und Durst müssen sehr groß gewesen sein, denn mich sah dieser Fahrer nicht, obwohl weit und breit kein anderes Auto auf der völlig geraden Strecke zu sehen war. Mein Reflex am Lenkrad schleuderte mich auf die andere Straßenseite, wo es kopfüber hinunterging. Im Wirtshaus meinte ein Gast, der den Unfall vom Fenster aus sah: „Schade um die junge Frau". Dabei wäre der

Im Winter war ich mit meinem VW Käfer auf der ehemaligen Klamm-
straße jedem Mercedes überlegen.

Frontale viel schlimmer gewesen. Vor allem hätte es dann zwei de-
molierte Autos mit Verletzten gegeben.

Damals gab es weder Airbag noch Gurte. Nichts hinderte mich
also daran, im Graben aus dem umgedrehten Auto zu klettern.
Die blauen Flecken kamen erst später, jedenfalls beruhigte ich
den verzweifelten, schuldigen Fahrer und meinte, dass mir nichts
passiert sei. Mein mit der Aufschrift „Daniel Düsentrieb" ver-
sehener, erster VW Käfer war überall zerbeult; er wurde wieder
repariert, da ich nicht sehr anspruchsvoll war. Erst später sah ich
an meinen Rücksitzen die Wirkung des zeitweiligen Kopfstandes,
da die Bezüge von der ausgelaufenen Batteriesäure total zerfres-
sen waren. Diesen Schaden verdeckte ich einfach mit einem alten
Vorhang. Hauptsache, ich hatte nach zwei Wochen mein Auto
wieder.

Triglav

Bevor ich nach Frankreich fuhr, um meine Sprachkenntnisse zu verbessern, wollte ich mit einem Freund meines Bruders, welcher mir sehr gut gefiel, den Triglav besteigen. Das ist der höchste Berg im damaligen Jugoslawien und ein wenig anspruchsvoll. Wieder einmal wäre es schön gewesen, wenn es Handys schon gegeben hätte. Ich hatte meine Zeit gut eingeteilt. Mein Plan war, in der Nacht davor in Kärnten im Auto zu übernachten und zeitig in der Früh zum Treffpunkt am Fuße des Triglavs zu kommen.

Es war am Vorabend schon dunkel, als ich auf einer einsamen Landstraße im Gebiet von Moosburg unterwegs war. Da sprang mir ein Reh direkt vor das Auto und wurde auf die Motorhaube geworfen. Ich war unter Schock und hatte nur das Bedürfnis, schnell wegzukommen. Als ich endlich einen Polizeiposten fand, beschrieb ich den Ort des Zusammenstoßes und bat, den Jäger zu verständigen. Ich wusste nicht, ob das Reh tot war oder womöglich leiden musste. Natürlich hoffte ich, dass es keinen Schaden genommen hatte. Ich war froh, dass mein Auto nicht von der Straße gekommen war, aber das Tier war mir ebenfalls wichtig.

Am Morgen kam ich zur jugoslawischen Grenze, wo es damals noch Kontrollen gab. Ich sollte den beim Käfer vorne liegenden Kofferraum öffnen, was nicht gelang. Der Zusammenprall hatte einige Teile der Karosserie verschoben. Die misstrauischen Beamten konnte ich von meiner Harmlosigkeit nicht überzeugen, ich durfte nicht weiterfahren. Also zurück und eine Werkstätte suchen. Nachdem das Auto so weit gerichtet war, dass sich der Kofferraum öffnen ließ, durfte ich über die Grenze und weiß bis heute nicht, wie ich mit der Zeitverzögerung von Stunden meinen Schwarm tatsächlich finden konnte. Wir starteten die lange Tour und erkannten zu spät, dass wir in die Dunkelheit kommen würden. Die ließ auch nicht lange auf sich warten. Die Batterie der Taschenlampe hielt nicht lange, an ein Umkehren war nicht zu denken, denn der Aufstieg war anfangs steil gewesen, während es erst oben eher flacher wurde. Es war Oktober, wir wussten zum Glück, dass die oberste Hütte noch bewirtschaftet war. Um in der Dunkelheit den Weg nicht zu verlieren, wollten wir uns auf die „Stoanamandln", das sind aufgetürmte Steine als Wegweiser, verlassen. Einer ging immer voran, suchte so einen Steinhaufen und rief dann den anderen zum Nachkommen. Der ging dann als Nächster voraus und ließ den Ersten zurück. So kamen wir zwar langsam, aber sicher weiter. Allerdings mit Schrammen, vor denen uns nur ein Vollmond hätte bewahren können. Auf den hätten wir allerdings noch zwei Wochen warten müssen. Irgendwann erreichten wir die Hütte und fielen todmüde ins Lager. Plötzlich musste ich furchtbar lachen. Ich stellte mir vor, mit meinem Lagernachbarn verheiratet zu sein und von ihm Kinder zu bekommen: „Das werden dann sicher lauter Stoanamandln." Von diesem Moment an wechselte meine Verliebtheit in eine herzliche Kameradschaft, alle anderen Gefühle waren einfach nicht mehr möglich.

Frankreich

Nach diesem Erlebnis ging es ohne Auto zum Erweitern der Französischkenntnisse nach Paris auf die Sprachschule Alliance Française. Durch meine blonden Haare wurde ich stets für eine Deutsche gehalten. Diese waren damals vor allem bei älteren Menschen noch sehr unbeliebt, was eine Folge des Zweiten Weltkrieges war. Da war es selbstverständlich, dass man sich überall eher demütig benahm, um Beschimpfungen zu vermeiden. Am ehesten konnte man noch im Künstlerviertel Montmatre den feindlichen Blicken entgehen.

Um nicht immer nur von Brot und Käse zu leben, wollte ich mit einigen Mitstudenten in meiner Bude Pasta asciutta zubereiten. Eines der Mädchen brachte einen Spirituskocher mit, das Anzünden wollte einer der Burschen besorgen. Warum es eine Explosion gab, weiß ich nicht mehr so genau. Weil es nur am Gang fließendes Wasser gab, hatte ich immer einen Kübel davon im Zimmer stehen, was uns jetzt vor größerem Schaden bewahrte. Die herbeigeeilte Besitzerin der Unterkunft konnte beruhigt werden, vor allem weil sofort alle bereit waren, die Schadensbehebung zu bezahlen. Auch wenn das Geld noch nicht vorhanden war, so bekamen wir vertrauensvoll einen Kredit dafür. Um schnell „reich" zu werden, bewarben wir uns geschlossen für das Wochenende bei einer Konditorei mit Filialen zum Eisverkaufen auf der Straße. Es blieb uns dann genug Geld übrig, um gleich wieder zu feiern. Die Nerven der Vermieterin verschonten wir diesmal, indem wir zum Grillen an das Ufer der Seine wechselten.

Abenteuerliche Fahrt zum Ball nach München

Erst seit dem Öffnen meines Tagebuchs vor kurzem wurde mir bewusst, wie viel ich mit meinem Bruder Rupert unterwegs war. Einmal stand ein Ball in München am Programm. Normalerweise kann man diese 250 Kilometer von Badgastein aus in gut zwei Stunden bewältigen. Heute würde man bei einem Schneesturm wie damals nicht starten, er wäre über Internet, Radio oder Fernsehen warnend angekündigt worden. Wir jedoch hatten keine Ahnung, was uns erwartete. Nach Salzburg ging es los. Es war fast nichts zu sehen, die Schneeflocken fegten im Licht der Schein-

Doch noch
in München
angekommen.

werfer quer über die Autobahn. Der Schnee ebnete alles ein, nicht
einmal mehr die Begrenzung der Autobahn war zu erkennen. Im
Schneckentempo versuchte ich verzweifelt weiterzukommen. Alles war weiß und wäre nicht ab und zu ein Stück Leitplanke zu
sehen gewesen, wäre ich mit Sicherheit in der Wiese gelandet. Ich
stellte mir vor, dort zu erfrieren, denn niemand würde uns finden und über dem Ballkleid hatte ich nichts zum Anziehen dabei.
Auch Rupert trug nichts außer dem Anzug, in dem er fesch aussah, aber durch den er sich keine Wärme erhoffen konnte. Das
Benzin würde zum Heizen nicht sehr lange reichen. Umdrehen
war genauso unmöglich, alle Schilder waren weiß überzogen und

ich wusste schon lange nicht mehr, wo wir waren. Rupert löste das Problem, indem er einschlief und mich mit Müdigkeit ansteckte, weil das Schauen so anstrengend war. In einem Zustand nahe dem Sekundenschlaf entstehen in meinem Kopf immer Fantasien aus Märchenfiguren, meist sind es am Straßenrand Hexen. Diesmal war es ein Krokodil, das ich plötzlich direkt vor dem Auto wahrnahm, was zu einer Vollbremsung führte. Da man Sicherheitsgurte noch nicht kannte, flog der schlafende Bruder mit dem Kopf voll gegen die Windschutzscheibe, die er erfreulicherweise nicht gleich durchstieß. Damit wurde ich wieder hellwach und irgendwann kamen wir in München an. Nachdem an eine Rückfahrt nicht zu denken war und weil wir für unsere Sturm-Leistung bewundert wurden, bekamen wir gleich mehrere Einladungen zum Übernachten und es wurde ein toller Ball. Bei der Rückfahrt am nächsten Tag war der Sturm vorbei und wir konnten singend den Heimweg antreten.

Zu Weihnachten war ich wieder in Badgastein und machte mir kaum Gedanken um meine Zukunft. Unsere Frühstückspension „Haus Inge" war mit Stammgästen im Winter meist gut belegt und meine Mutter hatte viel Freude daran, die Gäste zu verwöhnen. Immer war sie gut aufgelegt und vermittelte den Urlaubern die richtige Stimmung. Die meisten von ihnen blieben noch viele Jahre mit ihr in Kontakt.

EIN SCHIKURS, DER MEIN LEBEN VERÄNDERT HAT

Schneesturm in den Radstädter Tauern

Im folgenden Winter arbeitete ich in Badgastein ein letztes Mal in der Drogerie und nützte jede freie Minute zum Schifahren. Um darin besser zu werden, meldete ich mich zu einem Schikurs für Fortgeschrittene im Schigebiet Obertauern an. Dort fand gleichzeitig ein Kurs zur Ausbildung von Schilehrern statt. Irrtümlich hatte man mich dort einquartiert, was für mich zu einem besonderen Privileg wurde. Während die Schilehrer-Schüler um 22 Uhr im Bett sein mussten, konnte ich mich als normal zahlender Gast bewegen, wie ich wollte. Was meist zum lustigen Beisammensein mit den Ausbildnern bis nach Mitternacht führte. Mit dabei auch Heini, der Schischulleiter von Badgastein, dem meine nicht immer anständigen Lieder vertraut waren. Wir hatten unseren Spaß daran, sie den anderen zur Kenntnis zu bringen. Meist griff ich dabei zur Gitarre, während Heini mit der Ziehharmonika begleitete. Wir befanden uns in einem Wettstreit, wer von uns beiden die Runde mehr zum Lachen bringen konnte. Der Jagertee kam natürlich nicht zu kurz.

Zum Ende der Woche kam ein furchtbarer Schneesturm auf. In meiner Unterkunft konnte die nächste Reisegruppe gerade noch einquartiert werden; deren Bus wurde bereits auf einen Parkplatz gelotst, denn er durfte nicht mehr ins Tal fahren. Auch mir war die Rückfahrt mit meinem VW bereits verboten worden. Was tun? Ich hatte kein Zimmer mehr. Der Sturm wurde zum Orkan, in dem niemand mehr aufrecht gehen konnte. Im Nebenhaus waren Bergretter, die Übungen mit ihren Lawinenhunden geplant hatten. Da man keine Hand vor den Augen sehen konnte, waren auch sie auf das Nachlassen des Sturmes angewiesen. Die Bergretter schliefen mit ihren Hunden im Rahmen des Trainings sowieso am Boden. Da war dann auch für mich noch Platz. Ich war unheimlich stolz, zwischen den Schäferhunden zu liegen und mich nicht zu fürchten. Schließlich war ich durch meine Mutter zu großer Angst vor Hunden erzogen worden.

Als der Schneesturm nachgelassen hatte, strömten die Urlauber aus den Quartieren und suchten ihre Autos. Es war alles zugeweht und zugeschneit, sodass das ein schwieriges Unterfangen war. Als ich meinen Käfer endlich entdeckte, begann ich mit dem Ausschaufeln. Als ich schließlich das Dach meines Fahrzeuges freilegte, kamen mir die Tränen. Das Auto hatte schlimme Beschädigungen und ich konnte nicht begreifen, was geschehen war. Wovon sollte ich die Reparatur bezahlen? Besser ging es mir, als einer der Trainer die einzige Möglichkeit erklärte: Im Sturm hatte kein Auto fahren können, nur die Pistenraupe war unterwegs gewesen. Anscheinend hatte der Fahrer nicht mehr gesehen, wo sich die Straße befand, und war über einige Autos gefahren. Die anderen Autos hatte die dicke Schneedecke gleichmäßig überdeckt und man sah keinen Schaden, mein VW war mehr am Straßenrand gestanden. So konnte man auch die Ketten der Raupe genau erkennen und ich war glücklich, den Schaden ersetzt zu bekommen, was ja damals nicht so selbstverständlich war.

Nach dem Ausschaufeln öffnete ich zuversichtlich die Heckklappe, wo beim VW Käfer der Motor saß. Ich sah nichts als Schnee, in den sich das Muster vom Blech der Klappe gepresst hatte. Jetzt begann ich mit Hilfe von einem kleinen Besen und einem großen Löffel in Kleinarbeit den Motor freizulegen. Die mühsame Arbeit lohnte sich. Mein Auto war eines der wenigen, das sofort ansprang. Nun folgte eine herzliche Verabschiedung von all den neuen Bekannten mit dem Versprechen, sich wieder einmal zu treffen.

Schilehrerin

In unserem Haus gab es eine von mir und Rupert eingerichtete, gemütliche Kellerbar. Sie diente nicht nur den hauseigenen Gästen, sondern war immer offen für jedermann, wobei besonders die Schilehrer gern auf einen Jagertee vorbeischauten. Meine Mutter freute sich über die lustigen Abende der jungen Menschen, so wurde dieser Raum immer mehr zum Treffpunkt. Einmal war auch Heini, der Leiter der Schischule, dabei. Weil er mich ja schon vom Schneesturm in Obertauern her kannte, wollte er mich gleich als Schilehrerin engagieren. Lange musste er mich nicht überreden. Ich verabschiedete mich von meinem Leben als Drogistin, pfiff auf die angekündigte Übergabe der Geschäfte und wurde mit Leib und Seele Schilehrerin, wozu ich auch die Ausbildungskurse besuchte.

Unsere Kellerbar war ein beliebter Treffpunkt.

Fensterln einmal umgekehrt

Schah von Persien

In der Schischule herrschte damals große Aufregung, da Reza Pahlavi, Schah von Persien, in Badgastein Urlaub machen wollte. Seine wunderschöne Frau Farah Diba sollte von einem Schilehrer unserer Schule begleitet werden. Ob sie eine gute Schifahrerin oder eine Anfängerin war, weiß ich heute nicht mehr. Nur, dass damals die relativ neue Kunst des Wedelns als sensationell galt und mit Ehrfurcht beurteilt wurde. Ich durfte bei einer Präsentation für Schah und Fernsehen mit einer zweiten Schilehrerin Hand in Hand das letzte Stück vom Stubnerkogel herunterwedeln. Unter Applaus wurde damit die Zukunft des Schifahrens angekündigt. Für dieses große Ereignis waren alle Schilehrer mit roten Walkjankern ausgestattet worden, was dann für viele Jahre die Einheitskleidung blieb.

Wedeln – der neue Stil. Vorführung für den Schah von Persien

Mit Grete, einer Freundin aus der Lehrzeit, musste ich natürlich etwas aushecken. Im Gefolge des berühmten Herrscherpaares waren jede Menge Personal und Wachbeamte in den Hotels einquartiert. Die Frauen waren nicht verschleiert, noch weniger Farah Diba selbst. Was wir bewunderten, waren die wechselnden Kronen, die diese Frau in ihrem Haar trug. Wir besorgten uns also eine hübsche Königinnenkrone aus einem Faschingsfundus und verschönten diese mit Silberdraht und Glasperlen. Ich selbst besaß kein langes, exklusives Kleid, Grete dagegen konnte mit einem Traum von Ballkleid ihrer Mutter auftreten, während ich in einen tiefblauen Vorhangstoff mit Goldstickerei eingewickelt war. In einem Hotel, von dem wir wussten, dass das Herrscherpaar dort nicht anwesend war, spazierten wir durch die Halle, vorbei an den feinen Gästen beim Abendessen, denen der Mund offenblieb. Wir fuhren mit dem Lift in den ersten Stock, wo im Lesesaal gerade ein Konzert stattfand. Im

Abendliche Siegerehrung nach dem Gästerennen

Türrahmen blieben wir vorerst stehen und verdrückten uns erst, als ein sich verbeugender Hotelangestellter uns in die erste Reihe holen wollte. Da wurde uns doch etwas mulmig. Daher fuhren wir in die Schi-Alm, wo wir vorerst wegen unserer Kleidung große Verwirrung auslösten, bis wir uns mit orientalischen Bewegungen der Glitzer-Hüllen entledigten. Applaus bekamen wir genug.

Gästebetreuung, nicht nur im Haus Inge

Es war mein Ehrgeiz, dass sich meine Gäste in Badgastein nicht nur im von meiner Mutter betreuten „Haus Inge" wohl fühlen sollten, weshalb ich mich ganz speziell auch um die Abende kümmerte. Ob im Tal oder auf der Abfahrt in der Bellevue-Alm – immer wurde es später als geplant. Und abstinent konnte ich

Mit Ulli aus Berlin

nur schwer bleiben. Weil ich aber regelmäßig kleinere Mengen trank und auch auf Bergtouren Schnaps statt schwerer Bierflaschen dabeihatte, konnte ich die aufgedrängten Getränke gut vertragen. Jedenfalls viel besser als mein Freundeskreis. Was mir bald den Spitznamen „Schnaps-Inge" einbrachte. Anfangs fand ich das lustig und war noch dazu stolz darauf. Irgendwann wurde ich von einem befreundeten Lehrer gefragt, ob ich mich nicht schämen würde. Okay, ich war lernfähig. Ich hatte kein Problem damit, auf dieses Getränk zu verzichten, was aber den Ruf nicht rückgängig machte. Zumal mein Bruder auf den alkoholischen Titel seiner Schwester stolz war und ihn gerne verwendete und verbreitete.

In der Schischule hatte ich meine Stammgäste, die mich jedes Jahr buchten. Darunter ein Berliner Ehepaar mit seiner Tochter Ulli, die ich ab dem achten Lebensjahr als Privatschülerin betreute. Jedes Jahr wurde ich eingeladen, doch endlich einmal nach Berlin auf Besuch zu kommen. Als Ulli zehn Jahre alt war, schaffte ich das. Damals wurde es erstmalig modern, Kinder in der vierten Volksschulklasse aufzuklären. Das war so sensationell neu, dass in der Woche zuvor die Eltern aufgefordert wurden, sich den betreffenden Film anzusehen. Ich war gerade am Tag der Aufklärung dort und die Eltern waren gespannt, wie Ulli reagieren würde. Da der Vater Urologe war, erwarteten sie von ihrem Kind keine besonders auffallende Reaktion. Als Ulli heimkam, hörte ich in der Küche folgendes Gespräch: „Du, Mutti, ich bin doch erst geboren, da warst du schon 46 Jahre alt." „Ja, mein Kind." „Du, Mutti, ihr wart ja schon 10 Jahre verheiratet und ich war das erste Kind." Wieder antwortete die Mutter mit „Ja mein Kind". Dann musste ich mir das Lachen schon sehr verkneifen, als Ulli fragte: „Du, Mutti, habt ihr es davor nie probiert?"

SEGELLEHRERPRÜFUNG FÜR SCHILEHRER

A-Schein am Wörthersee

Das Ende des Winters brachte eine weitere Wende im Berufsleben. Ich hatte mich für einen Segelkurs zu Beginn des Sommers speziell für Schilehrer in Velden angemeldet. Neben der A-Schein-Prüfung galt der Kurs als Ausbildung zum Segellehrer. Meine Begeisterung war nicht zu bremsen und die Prüfung bestand ich als Beste. Ich wurde sofort als Segellehrerin angestellt und platzte fast vor Stolz und Glück.

Vorerst hieß es, eine Unterkunft zu finden. Das schaffte ich mit einem Gartenhaus in einer Wiese. Wasser gab es vor dem Haus aus einem Schlauch, Strom war vorhanden, aber das WC war im Haus der Vermieter, wohin ich durch den Garten gelangte. Normalerweise hatte ich keine Angst, aber als ich nachts vor der Hütte keuchende Atemgeräusche hörte, wurde mir mulmig. Besonders da diese lange andauerten. Ich schlich mit der Taschenlampe ums Häuschen – nichts. Am nächsten Abend das gleiche Stöhnen. Damals hatte ich von Igeln keine Ahnung, das allgemeine Wissen über diese Tiere war sowieso so gut wie null. Im berühmten „Brehms Tierleben" fanden sich unglaubliche Fehler, kitschig und schwulstig geschrieben. Dass diese Stacheltiere ihre Paarung sehr laut vollziehen, wusste ich jedenfalls nicht und war erleichtert, als der nächtliche Spuk nach zwei Tagen wieder vorbei war. Es war der erste Kontakt zu Igeln, die später meine Leidenschaft werden sollten.

Der Sommer in Velden wurde extrem heiß und für mich zum Problem im Auto. Klimaanlagen gab es nicht, Lüftungsschlitze als Heizung im Winter waren schon Luxus. Leider waren diese Schlitze bei meinem Käfer völlig eingerostet und ich konnte die

Hurra, Segellehrer-
prüfung geschafft!

Hitzezufuhr nicht abstellen. Die Temperatur an den Füßen war nicht auszuhalten, ich musste mir einen Schutz besorgen. Von zu Hause ließ ich mir meine Schischuhe schicken. Damit war das Problem gelöst und ich ersparte mir verbrannte Zehen.

Das Segelschiff, auf dem ich unterrichtete, war ein Abenteuer für sich. Fünfzig Schiffe wurden einst von diesen sogenannten „Wörthersee-Drachen" gebaut. Meines war das letzte noch segelnde, alle anderen lagen auf Grund. Das hatte meine „Selde" auch schon geschafft, das Schiff konnte aber wieder gehoben werden. Diese Boote waren für ganz leichten Wind gebaut, ab Windstärke drei – da bewegen sich grade mal Zweige und Blätter

Ein
abenteuerliches
Schulboot

– musste man die Segelfläche schon verkleinern. Die Oberfläche
des Segelbootes sah eher aus wie ein riesiges Surfbrett, es gab keinen Schutz gegen Spritzwasser von den Wellen. Falls einmal so
viel Wind herrschte, dass Wasser aufs Deck kam, musste jemand
von der Mannschaft mit dem Schöpfen beginnen. Wenn ich mir
heute die Fotos anschaue, wundere ich mich, dass man mir überhaupt das Schiff anvertraute, denn durch meine mangelnde Praxis hatte ich nicht die nötigen Kenntnisse, um Segelschüler auf so
einem Boot zu unterrichten. Vielleicht war es gut versichert und

man hoffte, dass ich es versenken würde. Als ich einmal in der Höhe von Pörtschach in ein schweres Gewitter kam, glaubte ich nicht sehr intensiv ans Überleben. Irgendwie kam ich trotzdem in Velden an, allerdings mit zerfetzten Segeln.

Die Nachtfahrten entlang der Tanzterrassen von Velden waren bei den Gästen besonders beliebt. Bei beginnender Dunkelheit herrschte am Wasser normalerweise Flaute und nur selten fiel jemand bei diesen übermütigen Fahrten ins Wasser. Höchstens mit einem Becher voll Wein in der Hand. Nur einmal war es ausgerechnet ein sehr eingebildeter Fabriksbesitzer, der im weißen Anzug im See landete. Er kam nicht aufs Schiff zurück, sondern verzupfte sich in sein Hotel. Ich kann nicht behaupten, dass das der Stimmung geschadet hat.

Unglücklich verliebt

Im zweiten Sommer am Wörthersee lud ich meinen Bruder Rupert ein, bei mir den Segelschein zu machen. So nebenbei motivierte ihn meine Mutter dazu, da sie sich Sorgen wegen meines Liebeskummers machte. Als Student hatte Rupert genügend Zeit. Nach wenigen Tagen in Velden wurde er auf Grund seiner Geselligkeit sofort als Segellehrer engagiert. Wobei er diese Geselligkeit oft mit mir gemeinsam auslebte, denn zum Singen brauchte er mich mit der Gitarre. Ich dagegen brauchte ihn als Kummerkasten wegen meiner ersten „richtigen" Liebe. Damals war es nicht ungewöhnlich, dass es zu sexuellen Kontakten erst im Alter von mehr als zwanzig Jahren kam. Mein ehemaliger Schulkamerad Peter war meinetwegen einige Wochen an den Wörthersee gekommen, vergnügte sich aber vorwiegend mit einer verheirateten Münchnerin. Dabei hatten mich seine Eltern längst als

Liebeskummer

Schwiegertochter gesehen, wobei ich den Vater von Peter besonders mochte. Vermutlich ist mir Kummer erspart geblieben, denn mein Traummann hatte schon meinen ersten VW Käfer zu Schrott gefahren und ist später bei einem Unfall ums Leben gekommen.

Im dritten Jahr als Segellehrerin wurde mein Ehrgeiz geweckt, den B-Schein für Küstensegeln zu erwerben. Das war damals für eine Frau absolut unüblich, denn in meiner Altersgruppe waren es ja meistens Paare, die auf dem Meer segelten, wobei den Männern die Verantwortung übergeben wurde. Es war bereits Herbst und in Österreich gab es keinen Kurs für einen B-Schein. Informationen zu bekommen, war mühsam, aber in Hamburg fand ich eine Möglichkeit. Ich wurde vom Besitzer einer Segelschule zur Ausbildung für den B-Schein aufgenommen. Vormittags unterrichtete ich Segelanfänger an der Alster in einem „Piraten" und musste als Gegenleistung keine Kursgebühr bezahlen.

Nach drei Wochen wurde es ernst. Da ich der einzige Prüfling war, bekam ich die Navigationsaufgabe im Büro unter der strengen Kontrolle eines Prüfers des renommierten Hamburger Segelclubs. Er beobachtete mich genau, ob ich womöglich einen Schwindelzettel am Körper hatte, und ich durfte nur ohne Handtasche auf die Toilette gehen. Ich brauchte keinen Zettel an der Kleidung, denn ich hatte die wichtigsten Informationen am Tag davor unter dem Teppich im Büro versteckt. So hatte ich halt einen schlimmen Schnupfen und musste immer wieder aus der Handtasche, die am Boden lag, ein Taschentuch holen. Jedenfalls hat mir das Wissen um die Infos unter dem Teppich die Angst vor der Kartenaufgabe genommen und ich brachte als erste Österreicherin den B-Schein mit nach Hause. Ein Glück, dass ich in meinem heutigen Segelrevier am Achensee keine Navigationskenntnisse mehr brauche, denn ich habe heute keine blasse Ahnung mehr davon.

Ein Schnaps an der Schneebar am 1. April

Mein Leben als Schilehrerin war für mich ein einziger Traum. Ich genoss es, beliebt zu sein und mit niemandem im Streit zu liegen. Ich hatte weder Feinde noch Neider.

An der Schneebar in der Mittelstation vom Stubnerkogel ging es immer bunt zu. An einem ersten April traf ich dort Walter, den Geschäftsführer der Tyrolia-Schibindungen, der mich bereits auf einem Prospekt – gemeinsam mit einer Mitarbeiterin fröhlich im Schnee liegend – „verwendet" hatte. Ich kannte ihn von meinen Besuchen in der Firma in Wien. Mit einem Schnaps in der Hand fragte er mich, ob ich in zwei Wochen mit auf die Bahamas fliegen wolle. Es war ja der erste April und ich sagte natürlich zu, nicht ahnend, dass das kein Aprilscherz war.

Lachen aus dem Werbeprospekt

Die Firma hatte österreichweit einen Wettbewerb für Sport-
händler ausgeschrieben und 100 davon eine Woche zu einem
Urlaub nach Nassau auf den Bahamas eingeladen. Nach einigen
Tagen rief mich Walter an, mit der Frage, ob ich mich um die
damals noch nötige Impfung gekümmert hätte. Ich fiel aus allen
Wolken darüber, dass ich tatsächlich zur Betreuung der Gewin-
ner eingeplant war und für diese Geschäftsfreunde morgens eine
Stunde bereitstehen sollte, um etwaige Fragen zu beantworten.
Ansonsten hätte ich die ganze Zeit frei.

Meine Aufregung war riesig, zum ersten Mal sollte ich fliegen
und in einem Hotel übernachten, dazu mein erstes Frühstücks-

buffet erleben. Danach durfte ich an den Strand mit dem türkisfarbenen Meer zum Schwimmen und zum Schnorcheln. Ein Tiroler Sporthändler aus Wörgl war unter den Gewinnern und besorgte mir das Zubehör. Die Farbenpracht der Fische, Muscheln und Steine war gewaltig und diese Momente der Schönheit unter Wasser machten mich sprachlos und dankbar.

Ein angebotener Ausflug mit einem Flugzeug wurde nicht von allen Teilnehmern angenommen. Davor musste unterschrieben werden, bei einem Absturz keinerlei Ansprüche zu stellen. Im Flugzeug machte sich eine königliche Stimmung breit. Da gab es einzeln aufgestellte Sofas und Fauteuils aus Plüsch und Dekorationen mit Glitter und Goldketten. Der Flug ging auf eine einsame Insel, auf der es nur eine Landebahn und ein Büro gab – zur Aufteilung des Landes an zahlungskräftige Amerikaner. Der Blick von oben war gigantisch und nachdem es zwischen dem Piloten und den Passagieren keine Trennung gab, wollte ich von vorne ein Foto machen. Ich erschrak ziemlich, als der Pilot ganz einfach das Fenster hinunterkurbelte und der Wind hereinblies. Nach der Landung durften wir am unberührten Strand schnorcheln und abermals konnte ich die farbenfrohen Anblicke unter Wasser kaum fassen. Wobei das türkisfarbene Wasser dieses Meeres meine fast unwirkliche Stimmung steigerte. Trotzdem war ich froh, mit dem ehemaligen Luxusflieger wieder gut in Nassau zu landen.

Beim Aussuchen der Köstlichkeiten vom Frühstücksbuffet hatte ich mich mit Monika aus Bayern angefreundet und fragte sie, ob sie Seglerin sei, was sie bejahte. Ich schlug vor, uns einen kleinen Katamaran auszuleihen, die Gebühr dafür war erschwinglich. Gesagt, getan und so segelten wir sorglos bei anfangs idealem Wind – für uns gerade nicht zu viel. Ich wollte unbedingt fotografieren und musste dazu die Schot an Monika übergeben. Da es inzwischen böig geworden war, schärfte ich ihr noch ein, diese notfalls

Der Mast vom gekenterten Schiff wurde von den einheimischen Polizisten abgerissen.

zu lockern. Prompt kam eine kräftige Bö, in der Monika allerdings anzog, anstatt locker zu lassen. Unser Katamaran kenterte, ich hatte einfach nicht genug Erfahrung, das zu verhindern. Kamera, Geld und mein geliebter Freizeitanzug verabschiedeten sich auf den Meeresgrund. Dass wir genau in der Schifffahrtsstraße mit vielen gefährlichen Barrakuda-Fischen schwammen, wussten wir zum Glück nicht. Trotz größter Bemühungen waren wir nicht imstande, das Boot aufzurichten. Es vergingen Stunden und wir gerieten langsam in Panik. Da sahen wir ein Aussichtsboot und winkten verzweifelt. Es wurde zwar zurückgewunken, ansonsten fuhr das Boot weiter. Nach weiteren zwei Stunden kam ein Motorboot der Wasserpolizei angebraust. Drinnen saßen sechs kohlschwarze, grinsende Polizisten in schneeweißen Uniformen und fühlten sich sofort als Lebensretter. Eigentlich wollten wir uns nur kurz an deren Boot festhalten, um wieder selbst segeln zu können. Dazu waren die Männer aber nicht bereit, wir mussten ins Motorboot umsteigen, vielleicht erhofften sie sich eine Lebensrettungsmedaille.

Weil der leichte Katamaran mit dem Mast nach unten und ohne Gewicht auf der Fläche zwischen den beiden Rümpfen auf den Wellen richtig hüpfte, setzte sich einer der Männer im Schneidersitz auf die breite Fläche des gekenterten Bootes. Ab ging es mit Karacho und dem grinsenden Polizisten, den es auf den Wellen immer wieder leicht abhob. Das Bild war wirklich lustig. Als wir Richtung Strand kamen, kapierte keiner der Retter, dass der hinunter stehende Mast im flachen Wasser abbrechen würde, wenn man so auf den Steg zufahren würde. Unsere Hinweise halfen nichts, weil unser Englisch mit deren Englisch sichtlich nicht identisch war. Der Bruch des Mastes passierte auch prompt. Die urkomische Situation mit diesen lachenden Männern im schneeweißen Anzug und ihren schneeweißen Zähnen ließ uns den zu zahlenden Schadenersatz schnell vergessen. Jedenfalls hatten wir später etwas zu erzählen.

Motivierung von Schischülern zum Törn in der Ostsee

Der Wunsch, in der Ostsee zu segeln, war riesig. Um einen Törn zusammenzustellen und einen Schiffsführer zu organisieren, suchte ich erst einmal unternehmungslustige Mitsegler, für die dementsprechende Kenntnisse keine Voraussetzung waren. Diese

Personen fanden sich unter meinen Schischülern bzw. -innen. Ich brauchte zwölf Leute und eine Reederei, die uns Schiff und Kapitän stellte. Nicht gerade einfach, denn Internet gab es ja keines und Segelinformationen aus dem Norden waren spärlich. Im Juni 1967 war es trotzdem so weit. Unter dem Titel „Alpenmarine" trafen wir uns – sieben Frauen und fünf Männer – in Travemünde. Wir suchten unser Schiff, auf dem der Schiffsführer, der junge Holländer Jan, mit Schreck unseren Aufmarsch sah. Noch dazu so viel Weiblichkeit! Und mit dieser kichernden Truppe sollte er am nächsten Tag auslaufen! Jan rief uns entsetzt zu: „Schiff is noch nisch fertig", und verschwand unter Deck.

Nun, wir schafften es, unseren schlechten Eindruck zu verbessern, und hatten dann auch mit diesem Schiffsführer eine tolle Kameradschaft. Erst wurde Kopenhagen angesteuert, danach Malmö. Das Wetter war gut und die stundenlagen Sonnenuntergänge und frühen Sonnenaufgänge mit feuerrotem Himmel waren unglaubliche Erlebnisse. Auch im Team herrschte eine gute Atmosphäre.

Die wurde allerdings gegen Ende auf eine harte Probe gestellt. Die Rückfahrt von Malmö begann vorerst traumhaft bei konstantem Wind Stärke sechs mit bereits kräftigen Wellen. Gegen Abend frischte der Wind auf und ich fütterte unfreiwillig und dezent die Fische. Danach ging es mir zum Glück besser, wir hatten bereits die stürmische Windstärke acht mit zusätzlichen Böen erreicht, zwei Tage Sturm lagen noch vor uns. Mit an Bord war Helmut, ein junger Offizier von der Militärakademie Wiener Neustadt, der so seekrank wurde, dass er sterben wollte. Wir mussten ihn an der Reling festbinden, damit er nicht ins Meer sprang. Noch schlimmer ging es Peter, der schon ohne Übelkeit markant und unterernährt aussah. Er hätte jetzt für die Darstellung des Todes im Salzburger „Jedermann" keine Schminke gebraucht. Zu zweit mussten wir auch ihn anbinden, weil er unbedingt über Bord gehen wollte. Unser Holländer war der Einzige, der alle Nerven behielt. War auch leicht, nachdem das Hauptproblem uns Frauen betraf: Beide Toiletten waren verstopft. Und das 48 Stunden lang, mit der einzigen Möglichkeit, den Hintern übers Heck in Position zu bringen. Es war unsere Seniorin Hannelies, die uns auf die WC-freie Haltung am Heck einschulte: Anbinden an der Reling und achtern auf der Leiter hinuntersteigen. Skipper Jan war ohne Mitleid und wollte sich totlachen, weil er so etwas noch nie erlebt hatte.

Nachdem außer Jan und mir niemand mehr ans Ruder wollte, war der Muskelkater danach vorprogrammiert. Ich war allein an Deck, als um Mitternacht Hannelies zu mir kam und ihren Arm auf meine Schulter legte. In diesem Moment wussten wir, dass diese Stunden zu den unvergesslichsten unseres Lebens werden würden. Wir hatten keine Angst, dafür waren wir uns in diesem Toben der Naturgewalten unserer Winzigkeit bewusst. Wir durften emotional etwas erleben, das den meisten Menschen versagt bleibt. Es fühlte sich an wie eine Verbindung mit dem Universum.

Ich habe es dann doch geschafft, den Skipper zur Verzweiflung zu bringen. Bei kräftigem Wind und entsprechenden Wellen hatte er mir in der zweiten Sturmnacht, um 22 Uhr das Ruder übergeben. Die Windstärke betrug acht Beaufort und wir mussten am Wind kreuzen. Es kostete Kraft, das Steuerrad auf Kurs zu halten, aber ich war stolz auf meine Verantwortung. Ich steuerte nur nach dem Verhalten der Segel, schaute nicht auf den Kompass und merkte nicht, dass ich schon ziemlich lange auf dem falschen Kurs war, bis das der Skipper feststellte. Es hatte eine deutliche Winddrehung gegeben, die ich ignoriert hatte, sie war auch nicht erwartet worden. Wir mussten umdrehen und ein ganzes Stück zurücksegeln. Trotzdem erreichten wir die Hafenstadt Gedser.

Vorfreude in
Travemünde

Diesmal gingen Jan die Nerven beim schwierigen Anlegema-
növer durch, was uns eine unglaubliche Flut an holländischen
Fluch-Wörtern erleben ließ. Wir brauchten kein Wörterbuch, um
zu wissen, dass die Flüche nicht stubenrein waren.

Bald danach duftete es aus der Bordküche nach Braten und
die Vorfreude war groß. Das Menü stand am Tisch, aber die Be-
stecklade war leer. Als einzige Erklärung fanden wir, dass die Ess-
werkzeuge in dem kleinen Loch unterm Tisch verschwunden sein
mussten, denn die Lade war kurz am Boden gelegen. Besonders

wir Frauen beschuldigten die Männer, zu faul zum Aufheben gewesen zu sein. Diese wiederum zweifelten an unserem Verstand, da das Verschwinden des Bestecks in diesem Loch nicht möglich gewesen wäre. Jan hatte auch keine Erklärung, half aber beim Suchen und fand des Rätsels Lösung. Die Lade hatte sich schwungvoll selbst entleert und den ganzen Inhalt unter den Kühlschrank, welcher eine kardanische Aufhängung für Schräglage hatte, Richtung Bordwand geschleudert. Anfangs hatten wir Schwierigkeiten, das Besteck zu finden. Doch die Stimmung war bald wiederhergestellt und nach dem Essen holte Traudl aus Badgastein ihr Liederbuch mit 344 Seiten und sang von jedem Lied unter unserer Begleitung die erste Strophe. Ob Weihnachtslied, Kinderlied, Kirchengesang oder Cowboylied, nichts wurde ausgelassen.

Als wir in Travemünde ankamen, waren wir alle müde, aber stolz und glücklich. Die schönste Überraschung kam noch: Wir waren gleichzeitig mit dem ähnlichen Schiff „Münster" ausgelaufen und in derselben Zeit zurückgekommen. Deren Mannschaft hatte uns vor dem Auslaufen von oben herab belächelt und mir erklärt, dass sie einen superharten Törn segeln würden. Nicht, so wie wir, einen Urlaubstörn. Darum traute ich meinen Ohren nicht, als mich ein Crewmitglied fragte, in welchem Hafen wir während des zweitägigen Sturms abgewartet hätten. In dieser Zeit waren wir, die „Alpenmarine", durchgehend gesegelt, allerdings aus einem bestimmten Grund, den wir noch erfahren sollten: Jan war mit seiner Verlobten, die mit dem Zug nach Travemünde kam, verabredet. Er wollte nicht zu spät kommen!

Einige Jahre darauf stellte ich wieder einen Törn in der Ostsee zusammen. Diesmal waren die Winde nicht so stark, obwohl es für die lange Strecke bis nach Oslo gut gewesen wäre. So mussten wir in den beiden Wochen alle Nächte durchsegeln. In Oslo angekommen, war dort gerade der norwegische Windjammer „Christian Radich" eingelaufen. Dieser imposante Dreimaster war damals das größte Segelschulschiff und wird heute noch für Schulungen und Segeltörns verwendet.

Dieses Mal waren wir nur zwei Mädchen und bekamen das Angebot, auf dem Segelschulschiff zu duschen. Es war klar, dass das auf unserem Boot nicht möglich war. Gerne nahmen wir das Angebot an, in die Offiziersdusche zu gehen. Nach dem Duschen drehten wir noch den Hahn am Waschbecken auf, aus dem kochend heißes Wasser kam. Leider ließ sich der Wasserhahn nicht mehr schließen und in der Offizierskabine wurde es immer heißer. Bald war es so nebelig, dass wir meinten zu ersticken. Nackt hinauszulaufen, trauten wir uns auch nicht. Irgendwann muss der Heißwasserboiler leer geworden sein und wir waren gerettet. Ich gehe davon aus, dass das Aufheizen des Boilers noch lange gedauert hat und nie wieder weibliche Segler zum Duschen eingeladen wurden.

Mittelmeer und Kriegsschiff

Mein erster Törn im Mittelmeer lag zwischen zwei Ostseetörns und startete in Korfu, wohin wir geflogen waren. Diesmal wieder in weiblicher Überzahl. Wir liefen erst mit einem Tag Verspätung aus, da sich der Motor als kaputt herausgestellt hatte, was ja bei schwierigen Anlegemanövern eine Katastrophe ist. Er konnte nicht repariert werden, also starteten wir ohne dessen beruhigende Funktionsfähigkeit. Am nächsten Tag war ich gerade in der Kombüse, um Brote herzurichten. Plötzlich hörte ich Motorengeräusch. Ich ging an Deck und traute meinen Augen nicht. Die Situation war so komisch, dass ich lachen musste. Neben uns

Gekapert in Albanien

befand sich ein riesiges Kriegsschiff und alle Kanonen waren auf uns gerichtet. Uns wurde gedeutet, Richtung Saranda in Albanien zu fahren. Es war ein russisches Kriegsschiff, das uns aufgebracht hatte. Ich fand das lustig, nicht wissend, dass normalerweise Segelboote von der albanischen Marine kassiert wurden und die zugehörige Mannschaft über Land zurückgeschickt wurde. Unser Skipper Leon war ein eher langweiliger Schweizer, aber jetzt wurde er wirklich sympathisch, obwohl diese Situation seine Schuld war. Er hatte nicht gewusst, dass in diesem Gebiet die Grenze zwischen Griechenland und Albanien nicht in der Mitte des Meeres verläuft, sondern dass zwei Drittel zu Albanien gehören. Dafür konnte Leon ein wenig Russisch, was bei den Verhandlungen mit den albanischen Beamten, die kein Deutsch verstanden, durchaus hilfreich war.

Warten auf eine
Entscheidung

Damit wir keinen Fluchtversuch unternehmen konnten, fuhr der bewaffnete Riese neben uns in Luv, also der Seite zum Wind, welche wir wegen des nicht funktionierenden Motors brauchten, um irgendwann zu bremsen. Das eher flache Ufer kam immer näher, die Dorfbewohner waren schon zusammengelaufen, um sich den ungewöhnlichen Besuch anzuschauen. Erst in wirklich letzter Minute erkannte der Kapitän des Kriegsschiffes die Gefahr für uns, am steinigen Boden das Boot zu beschädigen und auf Grund zu laufen, wenn man uns keinen Raum geben würde. Schließlich ging alles gut, wir konnten den Anker auswerfen und durchatmen.

Was würde jetzt geschehen? Uniformierte eines albanischen Polizeibootes kamen an Deck und kassierten erst einmal unsere Pässe. Die massive Weiblichkeit irritierte sie sichtlich. Ich hatte die Gitarre herausgeholt und in Badekleidung sangen wir an Deck die unterschiedlichsten Lieder. Die Uniformierten funkten erst einmal nach Moskau, was man mit uns machen sollte. Ergebnis: Warten, viele Stunden. Gegen Abend kamen die Soldaten wieder auf das Schiff und sprachen mit dem Skipper. Wir alle mussten etwas unterschreiben, das niemals stattgefunden hatte, denn so hätten wir über Land segeln müssen. Egal – wir bekamen die Pässe wieder. Mit wenig Wind und einem aufgehenden Vollmond erwarteten wir eine romantische Fahrt in die Freiheit. Leon befürchtete allerdings, dass uns eventuell ein anderes russisches Kriegsschiff kapern würde, wenn wir – noch im albanischen Gewässer – so einsam nächtlich unterwegs waren. Er bestand darauf, dass uns das große Kriegsschiff begleiten müsse. Jetzt wurde es doch noch romantisch. Dieses Schiff löschte alle Lichter nach außen und war vom Motor her so leise, dass es kaum zu hören war. Der Vollmond machte es in der Silhouette zu einem Geisterschiff und wir genossen diese stille Fahrt.

Unser Ziel war Dubrovnik. Ein Hafen mit viel Schiffsverkehr. Ausgerechnet, als wir hineinkreuzten, legte ein großer Passagierdampfer ab. Er rechnete sicher nicht damit, dass wir ohne Motor und Wind manövrierunfähig waren, und hielt seinen Kurs auf uns zu. „Alle Mann an die Ruder!“, hieß nun das Kommando. Nur – wie schnell konnten wir die Ruder klarmachen? Ich machte es mir leichter: Ich nahm ein weißes Handtuch und wedelte vorne am Bug in der Hoffnung, unser Problem zeigen zu können. Irgendwie erkannte der Kapitän unsere Hilflosigkeit und drehte sein Schiff so, dass es zu keiner Kollision kam.

Im nächsten Jahr fand ich fürs Mittelmeer eine Crew für einen zweiten Törn, bei dem auch mein Bruder Rupert mit dabei war, der sich damals in der Erinnerung aller ein Denkmal setzte. Wir ankerten in einer wildromantischen, felsigen Bucht und fanden etwas erhöht einen Platz für ein Lagerfeuer. An Land zu kommen, war nicht ungefährlich, weil sich eine Unmenge an Seeigeln im seichten Wasser befand. Der Skipper hatte mit viel Fantasie eine Art Brücke aus Paddeln und Gurten gebaut, um darüberzugehen. Nachdem es dunkel geworden war, saßen wir alle singend und glücklich ums Feuer und genossen die unglaublich schöne Stimmung. Ich hatte als Alkoholproviant für die zwei Wochen eine Flasche Gin mitgenommen, die am Lagerfeuer die Runde durchlief. Alle tranken sparsam, nur Rupert erwischte zu viel und bekam wegen eines Liebeskummers einen ordentlichen Rausch. Er wollte noch mehr aus der Flasche, die ich inzwischen auf meinem Schoß verwahrte. Hinter mir saß mein Bruder und bearbeitet mich mit Pumpbewegungen auf der Schulter mit dem Dauerspruch „Inge, gib die Gin-Flasche her". Unsere Sorge war die Frage, wie er ohne Seeigel-Dekoration wieder aufs Schiff kommen würde. Irgendwie ging das. Der Kater am nächsten Tag hat Rupert bis zum Ende des Törns alkoholabstinent gemacht.

Letzter Winter als Schilehrerin

Natürlich kam bei mir als Schilehrerin das Flirten nicht zu kurz. Irgendwie muss ich dabei nicht besonders geschickt gewesen sein, denn meine männlichen Lieblingsziele bekamen davon kaum etwas mit. Es war trotzdem nett, mit jungen Männern, denen ich gefiel, tanzen zu gehen. Meistens waren es ja Urlauber, die nach einigen Wochen wieder weg waren, sodass ich nicht in Gefahr kam, unter Sehnsucht zu leiden. Die meisten Schischüler wohnten weiter weg und es war sinnlos, sich nach so kurzer Zeit Hoffnungen auf mehr zu machen.

Manchmal war es anstrengend, einen Verehrer loszuwerden, und manchmal kam noch die Schadenfreude der Kollegen dazu. So war es ein Millionär aus Amerika – zwanzig Jahre älter als ich, der überall verkündete, dass er mich heiraten würde. Er war einen Kopf kleiner als ich und sah in meinen Augen schrecklich aus. Ich musste zu ihm freundlich sein, da er ein guter Gast der Schischule war. Dabei störte mich besonders seine Menge an Rasierwasser, die ich schon von weitem roch. Seither kann ich kein Pitralon mehr ausstehen.

Ein anderer Mann lächelte mich vor der Schischule an und blieb mir einige Wochen im Gedächtnis. Er war mit dem ORF Tirol zur Schiwoche nach Badgastein gekommen, hatte mich schon länger bemerkt, aber erst am letzten Tag seines Urlaubes angesprochen. Leider würde er jetzt sofort nach Innsbruck zurückfahren. Ein wenig war ich beeindruckt und hoffte, in den nächsten Wochen einmal Post zu bekommen, er wusste ja, wie ich erreichbar war. Nichts dergleichen geschah und nachdem ich einige Zeit enttäuscht war, vergaß ich diesen Mann. Ich tröstete mich damit, dass ein so korrekt wirkender Mensch sowieso nicht zu mir passen würde.

Sommer in Zell am See

Im anschließenden Sommer wollte ich nicht mehr nach Kärnten an den Wörthersee, sondern wechselte in eine Segelschule am Zeller See im Salzburgischen. Willi, der Besitzer, war ursprünglich ein Kollege in Velden gewesen. Schon der erste Tag entsprach seiner Unbekümmertheit. Er drückte mir einen Schlüssel in die Hand. In einem Schrank im Keller vom Grand Hotel würde ich die Segel finden und zwei Schiffe seien an einem Steg vor dem Hotel angehängt. Am Nachmittag käme ein Ehepaar als Schüler. Die beiden würden einen sportlichen Eindruck machen, es wäre ihnen sicher egal, dass es gerade schneite.

So war es dann auch. Später erfuhr ich, dass Willi damit beschäftigt war, mit dem Segelclub am anderen Seeufer zu verhandeln, damit er von dort aus die Schule betreiben konnte. Das schaffte er tatsächlich. Die Winde am Zeller See sind ja nicht gerade toll, aber für Anfänger meist optimal. Neben zwei leichten Jollen besaß die Segelschule zwei Kielboote aus Schweden, die in starker Schräglage allerdings versinken konnten, von Auftriebskörpern wie Styropor keine Spur. Schwimmwesten hatten wir noch keine, aber ich konnte ja schwimmen. Zumindest bis zu dem Tag, an dem ich einen Gips bekam. Ich wollte Tennis spielen lernen, war umgekippt und hatte mir den Knöchel gebrochen.

Am Vormittag wurde ich im Krankenhaus eingegipst, am Nachmittag wollte ich Gäste aus Holland, einen Vater mit Sohn, nicht enttäuschen und segelte mit ihnen hinaus. Das war nicht sehr verantwortungsbewusst, denn ein Gewitter zog auf und führte zu heftigen Böen. Beim Aufkreuzen hatten wir eine ziemliche Schräglage und ohne Schwimmweste hatte ich vor allem um den zehn Jahre alten Buben Angst. Würden wir Wasser aufnehmen, so hatte vielleicht der Vater eine Überlebenschance, der Bub und ich mit meinem Gips sicher nicht. Nun, mein himmlischer Begleiter war schützend zur Stelle und meine überstandene Angst hatte ich verheimlichen können.

Wesentlich gravierender in den Folgen war die Anmeldung eines Innsbruckers in der Segelschule. Ich erfuhr davon nur zufällig wegen eines Missverständnisses, denn normalerweise hatte ich mit diesen Anmelde-Karteikarten nichts zu tun. Willi zeigte mir diese eine Karte und mir schoss durch den Kopf, dass das eventuell der Mann vom ORF sein könnte, der mich vier Monate davor bei der Schischule in Badgastein angelächelt und dann kurz angesprochen hatte. Nur wenige Worte hatten damals genügt, bei mir einen Eindruck zu hinterlassen, was nun zu meiner spontanen Aussage führte: „Oha, jetzt bleib ich an dem Kerl hängen". Willi schaute mich verständnislos an und ich verließ mit rotem Kopf das Büro.

Es war eine eigenartige Vorahnung im Zusammenhang mit dieser Anmeldung. Ich hatte genau für diese zwei Wochen meinen dritten Segeltörn in der Ostsee gebucht. Als mir das bewusst wurde, war meiner erster Gedanke Schadenfreude. Hätte der Mann sich nach der Begegnung in Badgastein gemeldet, so wäre ich während seines Segelkurses nicht an die Ostsee gefahren.

Dann fing ich an, mich über diese Situation zu ärgern. Ich wollte Willi mein persönliches Interesse an diesem Segelschüler nicht anmerken lassen. Scheinheilig fragte ich ihn, ob der ORF-Mann schon übersiedelt sei oder noch in der Maria-Theresien-Straße wohne. Das war der einzige Straßenname, den ich in Innsbruck kannte. Willi schaute auf die Anmeldekarte und meinte: „Nein, der wohnt nicht mehr in der Maria-Theresien-Straße, er ist schon übersiedelt." Daraufhin nannte er mir die richtige Adresse des angehenden Segelschülers. Wiederum scheinheilig schrieb ich dem Angemeldeten eine Karte mit besten Urlaubswünschen, ich sei in der Ostsee. Das passte dem Innsbrucker natürlich nicht, er kam ja meinetwegen und meine Karte führte zu einem Terminwechsel seines Urlaubs. Zwischen uns beiden funkte es schon nach der ersten Segelstunde und ich war sofort sterblich verliebt.

Bis über beide Ohren verliebt

Im Anschluss an diesen Segelkurs in Zell am See, in welchem ich die Lehrerin für meinen zukünftigen Ehemann war, fuhr ich mit dem Auto nach Travemünde zum Törn in der Ostsee. Wie immer geplant mit Schischülern und -innen aus meiner Tätigkeit in Badgastein. Verliebt wie ich war, befand sich mein Lieblingsplatz vorne am Bug, wo ich am besten alleine träumen konnte, egal ob am Tag oder in der Nacht. Immer mit der Frage, „Mag er mich noch, wenn ich zurückkomme?" Wir trafen uns auf der Rückfahrt in Rosenheim, wo mir der spätere Vater meiner Kinder mitteilte, dass er bereits ein Reihenhaus für uns beide in Rum gemietet hatte. Meine etwas zögerliche Antwort, dass ich gerne noch einen Winter in Badgastein als Schilehrerin geblieben wäre, wurde schnell weggewischt.

ÜBERSIEDLUNG NACH TIROL, ACHENSEE, HAUSBAU UND ZWEI KINDER

Erste Erlebnisse

Ich war erst wenige Wochen in Rum bei Innsbruck, als es die erste Panne gab. Es war der vierte Dezember und wir zündeten am Nachmittag eine Adventkerze an, die auf einer Anrichte stand. Einige Zeit später verließen wir das Haus. Weil es noch hell war, bemerkten wir die brennende Kerze nicht und überließen es ihr, dem Kranz zu einem heftigen Brand zu verhelfen. Die neue Anrichte bekam am meisten ab. Unser Glück war, dass die Türen von Wohnzimmer und Küche fest geschlossen waren, wodurch das heftige Feuer aufgrund von Sauerstoffmangel erlosch. Als wir heimkamen, strömte bereits – trotz der geschlossenen Türen – schwarzer Rauch aus dem gekippten Kellerfenster, der uns dann auch im ganzen Haus empfing. Es folgten zwei Wochen intensiver Arbeit zur Spurenbeseitigung. Die frische Tapete musste komplett erneuert werden und der schwarze Ruß war in alle Schubladen und Schränke gekrochen. Seither haben Kerzen bei mir immer einen feuerfesten Untergrund.

Arbeitssuche und Hochzeit

Bald danach, im Jahr 1972, wurde ich ganz offiziell Tirolerin, denn am erstmöglichen Faschingsdienstag heirateten wir, nachdem wir beide an einem Faschingsdienstag geboren wurden. Die Hochzeit fand in meinem heimatlichen Badgastein statt. Es war ein wunderschönes Bild, als alle Schilehrer vor der Kirche mit einem Spalier aus Schistöcken auf uns warteten. Dass es einige Zweifler an der Richtigkeit meiner Wahl gab, kostete mich damals höchstens ein Lachen.

Ich war glücklich darüber, dass es mir schnell gelang, Arbeit zu finden. Bei der Firma Trentini wurde ich Sachbearbeiterin für Ultraschall-Schweißanlagen, womit ich mich sehr wohl fühlte. Ich verehrte den Senior-Chef, der in mir den alten Wunsch nach einer väterlichen Figur erfüllte.

In der ersten Zeit fuhren wir am Wochenende oft nach Badgastein und ich hoffte, dass mein pessimistischer Ehemann in dieser heiteren Atmosphäre selbst ein wenig fröhlicher werden würde. Beim Schifahren schafften wir das auch, egal ob in Badgastein oder in Tirol.

Im kalten Wasser

Schon 1971, während meines ersten Jahrs in Tirol, wurde ich im Segelclub SCTWV Achensee herzlich aufgenommen. Ich kam im Winter gerade als rettender Engel zu einem Clubabend. Der geplante Vortragende war ausgefallen und ich hatte tolle Dias vom Segeln in der Ostsee, wo noch keines der Mitglieder gewesen war. Im Anschluss an diesen Abend wurde ich eingeladen, im Frühjahr mit dem damaligen Club-Boot „Najade" bei der ersten Regatta zu Saisonbeginn mitzumachen.

Mein Mann und ich waren sehr aufgeregt, am Achensee erstmalig zu segeln. Die Luft war kalt, das Wasser hatte acht Grad Celsius. Den am Achensee relativ plötzlich auftauchenden, starken Nordwind erlebte ich zum ersten Mal und ich war froh, als wir die Ziellinie durchfuhren. Die Erleichterung war so groß, dass mein Mann, der bis dahin alles richtig gemacht hatte, seine Leine komplett losließ und durch die schnelle Krängung auf seiner Seite ins Wasser fiel. Ich hatte alle Hände voll zu tun, nicht zu kentern, und gab mir selbst laut die Kommandos zur Rettung eines Über-Bord-Gefallenen. Jeder erfahrene Segler hätte sich köstlich amüsiert. Als ich schulgemäß nach einigen Bootslängen zurückkam, war mein

Mann nicht mehr da. Dass er tatsächlich hätte ertrinken können, kam mir nicht in den Sinn, obwohl er keine Schwimmweste, dafür schwere Stiefel anhatte. Es war der Steuermann eines kleinen Schiffes, der im Vorbeifahren mit seinem Vorschoter meinen Ehemann ins Boot geholt hatte. Die drei waren inzwischen an Land, an mich dachte niemand mehr. Der Club hatte noch kein Gelände und verwendete einfach das Ufer in Pertisau. Ich musste also alleine anlegen und sollte dabei gleichzeitig vorne an der Leine sein und hinten steuern. Ich schrie den diskutierenden Seglern am Steg zu, mein Schiff doch abzufangen, aber der Wind war zu stark, als dass man mich gehört hätte. In letzter Sekunde brüllte ich „Hilfe", was mir viele Jahre lang boshaft-scherzende Kommentare einbrachte: „Kaum ist sie verheiratet, versucht sie den Ehemann zu versenken, schreit aber selbst um Hilfe". Der Achensee sollte später zu meinem fixen Zweitwohnsitz werden.

Schwangerschaft und „Haller Trampel"

Auf die Geburt unseres ersten Kindes freute ich mich gemeinsam mit meinem Mann sehr und bereitete mich intensiv darauf vor. Als ich irgendwo las, dass das Baby im Bauch nicht zu viel gerüttelt werden sollte, bekam ich sogar Bedenken wegen der „Haller Trampel", mit der ich täglich fuhr. Das war die damals kurz vor ihrer Schließung stehende, völlig veraltete und rumpelnde Schmalspurbahn zwischen Innsbruck und Hall. Wobei mich die Geschichte dieser ursprünglich dampfbetriebenen Bahn sehr faszinierte:

1888 wurde erstmalig um eine Baugenehmigung angesucht. Viele Änderungen waren nötig, weil es laufend Einsprüche gab. Die anfängliche Planung mit teilweisem Pferdebetrieb wurde fallengelassen und ein ausschließlicher Dampfbetrieb angestrebt. 1891 ging diese Bahn ohne behördliche Genehmigung in Betrieb, vorerst mit einer Geschwindigkeitsbeschränkung von 25 Stundenkilometern. 1893 wurde ein Waggon mit Luxus ausgestattet, weil Kaiser Franz Joseph I. nach Innsbruck kam und damit fahren wollte, was unter großem Tamtam auch stattfand.

Erst im Zuge der Elektrifizierung ab 1908 durfte das Tempo auf 30 Stundenkilometer erhöht werden. Ab 1910 wurde der Dampfbetrieb gänzlich eingestellt. Im Ersten Weltkrieg diente die Bahn immer wieder dem Verwundetentransport von Innsbruck nach Hall. Bei der Fahrt über den Inn mussten die Fenster geschlossen gehalten werden, damit niemand eine Bombe zur Sprengung der Brücke hinauswerfen konnte.

Wegen des Personalmangels wurden 1915 erstmalig Frauen für den Dienst in der Haller Straßenbahn zugelassen. Immer wieder gab es für die Betreibergesellschaft trotz der guten Auslastung finanzielle Probleme. War der Zug überbesetzt, so fand man sogar auf dem Dach blinde Passagiere als Fahrgäste, was später zu einem ausdrücklichen Verbot führte. 1920 retteten die Einnahmen aus der Hungerburgbahn die Lokalbahn vor dem Konkurs.

Im Zweiten Weltkrieg musste der Betrieb immer wieder wegen Bombenschäden eingestellt oder reduziert werden. Jener Angriff im Jahr 1944, welcher den Bergisel-Bahnhof mit seinen Gebäuden zerstörte, beeinträchtigte den Betrieb jedoch kaum. 1954 gab es Verletzte, weil ein Föhnsturm einen Triebwagen aus den Gleisen geworfen hatte. Viele Innsbrucker erinnern sich noch an ihre Fahrten von Innsbruck nach Hall in die Schule, wo aus Platzmangel das Mitfahren am Dach wieder üblich war. Im Mai 1974 wurde die alte Haller mit ihren vielen Spitznamen endgültig eingestellt, die gleichzeitige Geburt meiner kleinen Barbara war daran unschuldig.

Im Rahmen der Schwangerschaft hatte ich mich mit der Ehefrau eines bekannten Architekten, welcher aus der Steiermark stammte, angefreundet. Diesem bedeutete, genau wie mir, das Singen besonders viel und er organisierte zu diesem Zweck einen Abend, den wir gemeinsam gestalten wollten – ich sollte die Gitarre mitnehmen. Eingeladen waren etliche Ehepaare aus der Innsbrucker High Society, von der ich keine Ahnung hatte. Der Architekt und ich hatten schon davor gewusst, dass wir ein ähnliches Lied-Repertoire der etwas derben Art hatten und damit wollten wir an diesem Abend unseren Spaß haben. Dass etliche der feinen Damen geschockt waren, merkten wir zwei Sänger viel zu spät, zumal die meisten Männer viel lachten und jeden Refrain gleich mitsangen, während einige Damen die Nase rümpften. Weil ich nicht noch einmal so anecken wollte, habe ich seitdem einige Lieder aus meiner Salzburger Zeit aus dem Repertoire gestrichen.

Erster Polizei-Kontakt

Über meine eigene Unverfrorenheit gegenüber der Polizei bin ich selbst erschrocken, nachdem ich wegen eines Stopp-Schildes, das ich ignoriert hatte, angehalten worden war. Ich habe keine Ahnung, was die Strafe damals gekostet hätte, jedenfalls hatte ich überhaupt kein Geld dabei und reagierte im Schreck sehr unfein und ohne zu denken. Am Beifahrersitz hatte ich einen kranken Igel in einer Schachtel. Ich kurbelte das Fenster hinunter und fragte den Polizisten, ob er gegen Toxoplasmose geimpft sei, was der natürlich verneinte. Diese Impfung wird nur bei Schwangerschaft empfohlen und ich kannte das Wort selbst noch nicht sehr lange. Ich meinte zu dem verdatterten Polizisten, er solle lieber Abstand halten, weil ich mit dem Igel unterwegs in die Prosektur sei, wie man damals die Pathologie noch nannte. Beide Polizisten deuteten mir, weiterzufahren. Erst danach wurde mir bewusst, welchen Blödsinn ich da gesagt hatte. Was hat ein Igel in der Leichenhalle der Klinik zu tun? Es ist normalerweise nicht meine Art, verdiente Strafmandate anzuzweifeln oder respektlos gegenüber der Polizei zu sein. Vermutlich war die nicht vorhandene Geldtasche daran schuld, dass diese Worte ohne nachzudenken aus meinem Mund kamen. Geschämt habe ich mich nur in der ersten Zeit danach, heute muss ich darüber lachen. Wobei ich später im Rahmen meiner Tierschutzarbeit immer einen ausgezeichneten Kontakt zur Polizei hatte.

Hausbau in Rum

Schon von Anfang an war meinem Mann und mir klar, dass wir nicht auf Dauer die hohe Miete des Reihenhauses in Rum bezahlen wollten. Am liebsten wollten wir im Ort bleiben, weshalb wir uns bemühten, ein Grundstück zu kaufen, was uns bereits nach einem Jahr gelang. Als im Osten des Ortes ein großer Obstgarten umgewidmet und in Bauparzellen geteilt wurde, bekamen wir den Zuschlag. Damit begannen wir, unsere Vorstellungen von einem Haus konkret werden zu lassen, die dann von meinem Mann zu Papier gebracht wurden. Er hatte an der HTL den Zweig Elektrotechnik besucht und arbeitete mit dieser Ausbildung beim ORF. Da er für den Bau von Sendeanlagen zuständig war, hatte er genug Ahnung für die Errichtung unseres Hauses. Also zeichnete er unsere Einreichpläne, während ich sie beschriftete. Da ich einen Kurs für Werbeschriften besucht hatte, sah das sehr professionell aus. Einen Stempel zum Einreichen zu bekommen, war 1973 noch kein Problem.

Zur Finanzierung hatten mein Bruder und ich den Verkauf unseres Hauses in Badgastein eingeplant. Das Geld für dieses Haus stammte vom Erlös der alten Villa in Salzburg von meinem gefallenen Vater. Es wurde 1959 zu je einem Drittel auf mich, Rupert und den wesentlich älteren Halbbruder Heinz, von dessen Existenz ich lange nichts wusste, aufgeteilt. Der Kontakt zu Heinz wäre beinahe intensiv geworden, da er als Lehrer für Mathematik und Turnen an das Gymnasium in St. Johann im Pongau genau in dem Jahr kam, als ich abgegangen war. Dabei war ich stolz, einen großen Bruder zu haben, von dem ich lange nichts wusste, weil durch den Tod meines Vaters anfangs keinerlei Kontakt bestand. Heinz stammt aus der ersten Ehe, wobei die Scheidung für meinen sehr gläubigen Vater sehr belastend gewesen sein muss, denn er wollte „bis nach Rom pilgern", um eine Annullierung der ersten Ehe zu erreichen – falls er gleichzeitig Heinz adoptieren hätte können. (Die Frage für meinen Vater war, ob bei einer Annullierung der Ehe das Kind unehelich geworden wäre.) In jedem Fall hätten Rupert und ich mit Heinz – später auch mit dessen Frau – viel Kontakt gehabt, wenn mein Vater aus dem Krieg zurückgekommen wäre.

Meine Mutter war froh, dass mein deutlich älterer Vater beim Kennenlernen schon lange geschieden war und ihr die Trennung nicht in die Schuhe geschoben wurde. Dass sie das wenige Zusammensein in dieser Kriegsehe bis zu ihrem Tod mit 75 Jahren glorifiziert hat, ist verständlich. Ich selbst sehe meinen Vater als einen wunderbaren Menschen mit einer intensiven Beziehung zur Natur, allerdings dürfte er nicht gerade unkompliziert gewesen sein. Im Alter von zehn Jahren war sein großer Bruder von der Kriegsfront auf Besuch gekommen und lehnte im Garten in Maxglan das Gewehr an einen Baum. Niemand ahnte, dass es geladen war. Mein Vater nahm es in die Hand und erschoss damit ein kleines Mädchen, seine Cousine. Obwohl er ein Kind war, wurde er von da an wie ein Mörder behandelt und musste fortan bei einem Pfarrer leben, der seine Seele retten sollte. Er bekam dort wenig zu essen und meiner Mutter hatte er einmal erzählt, wie er aus Hunger einem Raben ein Stück Speck abgejagt hat. Trotzdem schaffte er die Matura und studierte dann in Wien Bodenkultur.

Von meinem verbliebenen Erb-Anteil sollte also das Haus in Rum gebaut werden. Ich hatte kein Problem, an die rechtzeitige Auszahlung der Käufersumme zu glauben. Schon damals nervte ich meinen Mann mit meinem Optimismus und meinem Vertrauen in andere Menschen. Seine Erwartung, ich würde als Ehefrau eine charakterliche Wandlung zu einer überlegten, ruhigen und immer auf Sicherheit bedachten Person machen, konnte ich nicht erfüllen. Beim Hausbau zweifelte ich nie daran, dass wir dank meiner längst gewohnten Sparsamkeit den zusätzlich benötigten Bau-Kredit rasch abzahlen würden. Außerdem wurde jede Menge dadurch eingespart, dass mein Mann auf Grund seiner Fähigkeiten so viel selbst machen konnte. Trotzdem malte er ständig eine finanzielle Katastrophe an die Wand.

Im März 1974 hatten wir beide sowie zwei von uns engagierte Hilfsarbeiter begonnen, mit Schaufel und Pickel die Baugrube auszuheben. Mit einer gebraucht gekauften Mischmaschine wurden anschließend die Fundamente betoniert, auf welche später die Kellermauern aus Hohllochziegeln aufgestellt wurden. Da mein Mann diese Arbeiten stets zentimetergenau vorbereitet hatte, gab es keine Pannen.

Im Mai übersiedelte ich hochschwanger meine Mutter mit einem Klein-LKW von Badgastein nach Rum in ihre neue Mietwohnung in unserer Nähe. Bei der Rückfahrt geriet ich in Panik, weil ich das Gefühl hatte, dass das Kind nicht mehr warten wollte.

Mir kamen die Tränen bei der Vorstellung, in Schwarzach, weit weg von Innsbruck, mein Kind zu bekommen. Es wäre dann laut Geburtsurkunde nicht einmal ein Tiroler oder eine Tirolerin gewesen – das Geschlecht wussten wir vor der Geburt nicht. Es ging alles gut und am 23. Mai bekam ich überglücklich in Innsbruck unsere Tochter Barbara.

Meine Mutter betreute mit großer Freude ihr erstes Enkelkind, sodass ich bald nach der Geburt tagsüber wieder auf der Baustelle sein konnte. Unter der Woche war ich mit den Arbeitern alleine, am Wochenende war es mein Mann, der seine ganze Energie in das Entstehen des Hauses steckte. Dabei erinnere ich mich – heute schmunzelnd – an eine heftige Auseinandersetzung wegen eines Sprachproblems. Ich sollte eine lange Wasserwaage an einer Seite halten, noch nicht wissend, dass in Tirol das Wort „heben" identisch ist mit „halten". Mehrere Male kamen von meinem Mann die Worte „heb einmal" und ich schob mein Ende der Wasserwaage immer höher. Ich verstand seinen wachsenden Ärger nicht, wo ich doch nur der Anweisung folgte, anzuheben. Heute weiß ich, dass in Tirol „heben" identisch ist mit „halten", wobei das auch in zusammengesetzten Worten zum Tragen kommt. So kann man eine Türe „aufheben" (aufhalten), einen Schmerz nicht „ausheben" (aushalten) oder das gute Wetter kann „heben" (halten). Wenigstens ist man bei dem Wort „Unter-haltung" geblieben und nicht bei einer „Unter-hebung" gelandet.

Am Bau ging es jedenfalls zügig weiter und im Herbst konnten wir einziehen, auch wenn noch einiges an Zwischenwänden und Böden fehlte. Es reichte, dass die Küche, das Kinderzimmer und das Schlafzimmer ziemlich fertig waren. Bemerkenswert ist, dass unsere Planung für unsere privaten Zwecke so gut gelungen war, dass wir auch nach Jahren noch keinen Grund fanden, an der Richtigkeit zu zweifeln.

Olympische Winterspiele 1976

Ich fand es unheimlich aufregend, im Nachbardorf einer Stadt zu wohnen, welche die Olympischen Winterspiele ausrichten durfte. Dabei hatte ursprünglich Denver im US-Staat Colorado die Zusage erhalten. Die Bevölkerung wollte das aber wegen der hohen Kosten nicht und verlangte eine Volksabstimmung, die gegen die Austragung ausging. Auf diese Weise kam Innsbruck zum Zug. (Vierzig Jahre später brachte eine Befragung in Innsbruck ein Nein zu einer neuerlichen Olympiade.)

Es war nicht leicht, Karten für die Eistanzkür zu bekommen. Für mich ging damit ein Traum in Erfüllung und während die Tanzpaare übers Eis schwebten, schwebte ich wegen deren Vorführungen im siebenten Himmel. Sieger wurde mit Abstand ein russisches Paar.

Im Damenschilauf war damals die Deutsche Rosi Mittermaier die herausragendste Persönlichkeit und konnte drei Medaillen gewinnen. Dafür ging für Österreich ein Stern auf, der noch jahrelang am Schi-Himmel erstrahlte: Franz Klammer bekam Gold für seine Abfahrt. Es folgten für ihn noch 25 Weltcup-Abfahrtssiege und fünf Kugeln für den Abfahrts-Weltcup. Er wurde zum Sportidol der ganzen Nation und war am Aufschwung des Schisports maßgeblich beteiligt. Obwohl mich Schirennen wenig interessierten, fieberte ich bei Franz Klammer jedes Mal mit. Inzwischen wurde er von Marcel Hirscher mit der Anzahl von Siegen überholt, was mich genauso freut, weil ich jedem den Sieg vergönne, denn ohne unglaublichen Einsatz gibt es keinen Erfolg.

Erstes Baby zu Baubeginn, zweites bei Bauende

In Badgastein gab es bei der Übersiedlung die zwölf Jahre alte Katze Sili. Ursprünglich hieß sie Peter, weil sie uns als männlich übergeben worden war. Nach der Geburt von vier Jungen wurde aus Peter „Petersilie", abgekürzt auf Sili. Natürlich wurde die inzwischen kastrierte Sili nach Tirol mitgenommen. Die Frage war nur, wie sie auf das kommende Menschenkind reagieren würde. Ich bekam genügend gut gemeinte Ratschläge, meist mit dem Rat, die Katze herzugeben, was nicht in Frage kam.

Sili war entzückt vom Baby und betrachtete es als ihres. Wenn Babsi weinte, sprang sie ins Bettchen, legte sich daneben hin und hielt die Zitzen entgegen. Sie wollte das Menschenkind so gerne säugen. Das Auftauchen des schwarzen, weichen Fells im Bettchen beruhigte das Baby normalerweise. Schaffte es Sili nicht, dass Babsi aufhörte zu weinen, kam die Katze zu mir und schimpfte lautstark – quasi „geh zu deinem Kind."

Als nach eineinhalb Jahren Roland im November 1975 geboren wurde, kam er in ein fast fertiges Haus. Er war schon als Säugling ein Unikum. Mit ungewöhnlich tiefen Tönen grummelte er vor sich hin, zog eine Schnute und vermied in den ersten Monaten

Babsi und Sili

seines Lebens ein Lächeln. Er nahm an Gewicht zu, wenn er mich nur anschaute. Ich erwartete deswegen, dass er sich mit dem Gehen Zeit lassen würde, was ein Irrtum war. Normalerweise zieht sich ein Kleinkind zum Gehenlernen irgendwo hoch und bewegt sich vorsichtig weiter. Nicht so Roland. Er setzte sich mit zehn Monaten in die Raummitte, stemmte seine Masse mit Muskelkraft in die Höhe und startete – ohne zu schauen – in irgendeine Richtung, bis er hinfiel. Stundenlang begann er das von Neuem, bis er nach zwei Tagen richtig laufen konnte und über zwei Kilo abgenommen hatte.

Roland wirkte als Kleinkind sowohl auf Erwachsene als auch auf Kinder umwerfend witzig und wurde oft zum Spielen auf das unbebaute Nachbargrundstück geholt. Er war zwei Jahre alt, als

Roland vorm
Laufenlernen

ich ihn wegen des Regens eigentlich nicht zur großen Pfütze im Nachbargrund gehen lassen wollte. Da ich leider nicht besonders konsequent bin, zog ich ihm seine Stiefelchen an und schärfte ihm ein, nicht so weit ins Wasser zu steigen, dass dieses oben bei den Stiefeln hineinrinnen konnte. Natürlich kam er mit einem Schwimmbad in den Stiefeln zurück. Auf meine Vorhaltungen hin meinte er mit seinen geballten, kleinen Fäusten: „Was kann ich dafür, dass über die Pfütze keine Brücke geht"!

Ausreden waren einfach seine Begabung. Als ich einmal in meinen Schuhen rohe Eier entdeckte, die Roland meiner Mutter aus der Einkaufstasche geklaut hatte, erklärte er, dass ich vielleicht froh wäre, wenn da drinnen Küken schlüpfen würden.

Eine Idee, die sich sehr bewährte, war die Schlafkiste, begonnen mit Babsi. Damit war uns Eheleuten am Sonntag ein Ausschlafen vergönnt. Um eine normale Erwachsenen-Matratze herum habe ich auf 50 cm Höhe eine Umrandung aus Schalttafeln gebaut und diese mit Decken abgepolstert. Nach vorne bekam die Kiste einen Eingang, durch den das Kleinkind herauskrabbeln konnte. Am Zimmerboden fand mein Töchterchen am Wochenende morgens einen Teller mit einer Banane vor, verspeiste diese und fing zufrieden an, alleine zu spielen. Der Vorteil einer weiteren Bettkiste zeigte sich später besonders bei Roland, der in den ersten beiden Jahren kaum durchschlief. Weinte er, so legte ich mich einfach in diese Kiste dazu, Platz war ja genug vorhanden. Das genügte normalerweise für uns beide zu einem schnellen Wiedereinschlafen. Beide Kinder liebten diese Kisten mit der großen Matratze und wollten sie bis ins Schulalter hinein behalten.

Die Freizeit verbrachten Babsi und Roland viel im Garten, wo ihr Vater eine Schaukel aufgestellt hatte. Die war besonders im Winter beliebt. Damals gab es noch viel Schnee und man konnte hoch hinaus schaukeln und in den Schnee abspringen. Durch das

Eine Idee, die sich bewährt hat

„Schneeflieger"

leicht abfallende Gelände war auch Schifahren oder Rutschen auf einem Brett möglich, woran meist etliche Nachbarkinder teilnahmen. Für Roland war im Sommer vor allem Plantschen im aufblasbaren Becken ein Grund, in den Garten zu gehen. Schmutzig wurde er, wenn er die Sandkiste mit Wasser auffüllte.

Roland, der Beliebte

Mir tat es manchmal weh zu sehen, dass die vielen Kinder in der Nachbarschaft Roland liebten, die ruhige Babsi aber ignorierten. Mobbing unter Kindern hat es damals schon gegeben, nur das Wort wurde nicht verwendet. Der kleine Roland begeisterte vor allem durch seinen gewaltigen Sprachschatz, was oft urkomisch wirkte.

Gartenhäuschen im Eigenbau

Dass in meinem kleinen Sohn auch viel Weisheit stecken konnte, zeigte sich, als er mir mit vier Jahren eine tote Biene in der Hand brachte. Ich bot ihm an, sie zu begraben. Normalerweise reden Kinder dann von dem armen, gestorbenen Insekt. Dass die tote Biene nicht arm ist, hatte Roland begriffen und meinte nur traurig: „Die armen Verwandten!"

Den Ernst des Lebens erkannte Roland schon mit dem Eintritt in die Schule. Ich habe noch nie gehört, dass ein Kind sich auf den ersten Schultag nicht freut. Nicht so Roland, der in der Früh heulte, dass er nicht in die Schule wollte, denn er hätte dadurch keine Freiheit mehr. Das dauerte nur einen Tag lang, danach ging er mit Begeisterung und die Lehrerin wurde seine erste große Liebe.

Ein paar Jahre später zeigte sich, dass nicht jedes Kind mit der Aufklärung in der Schule etwas anfangen konnte.

Dreißig Jahre nach diesem Foto wurde ich Mitarbeiterin der Tiroler Tageszeitung.

Roland ging in die dritte Klasse und kam heim in sein Zimmer, wo er auf einer Leine all seine Stofftiere aufgehängt hatte. Da erklärte er, dass der winzige Bär ein Kind vom braunen Teddy und der weißen Bärin Lina sei. Auf die Frage, wie die beiden zusammengekommen seien, bekamen wir eine erneute Kostprobe seiner umwerfenden Fantasie: „Die beiden hatten im Frankfurter Zoo ihr Gehege nebeneinander. Da warf der Eisbär seinen Samen hinüber zur Braunbärin, die schluckte den dann und weil bei der Bärin gerade eine Blinddarmoperation anstand, entdeckten die Tierärzte den Samen und setzten ihn noch während der Narkose an die richtige Stelle. Dann wurde mein kleiner Teddy ausgebrütet.“

Babsi, die Schüchterne

Babsi hatte das eher seltene Talent, sich selbst zu beschäftigen. Sie war ein süßes, aber unsicheres Kind, das bei der Begegnung mit Erwachsenen den Kopf einzog, was eine Nachbarin sehr ärgerte. Sie war der Meinung, dass das Kind einfach nicht grüßen wollte, und es brauchte meine ganze Redekunst, dem zu widersprechen. Gitti, ein wesentlich älteres, liebes Mädchen aus der Nachbarschaft, hatte an Babsi einen Narren gefressen und kam oft auf Besuch. Sie konnte die Ablehnung der gleichaltrigen Kinder und das Ausschließen von Spielen ein wenig ausgleichen.

Was mich heute noch ärgert, ist das Ende des Kindergartens. Damals erklärte mir die Kindergärtnerin, dass ich in der Schule schlimme Probleme bekommen würde, weil Babsi täglich im Kindergarten geweint hätte. Zwei Jahre lang hatte sie mich davon mit keinem Sterbenswörtchen informiert. Erst da begriff ich, dass meine Tochter für den Kindergarten noch nicht reif gewesen war, und mir wurde klar, dass ich sie wenigstens ein Jahr noch daheim hätte lassen sollen. Trotzdem ging es in der Schule dank einer verständnisvollen Lehrerin gut. Diese erzählte mir einmal, dass sie noch nie ein Kind gehabt hätte, dass meist träumend zum Fenster hinausschaute, beim Anreden aber voll in der Gegenwart war und alle Fragen richtig antworten konnte.

Der grüne Daumen meiner Tochter zeigte sich schon früh. Schon als Volksschülerin setzte sie Samen ein, beobachtete das Wachstum und pflegte, was da spross. Sie betrachtete das Rasenmähen als ihre Aufgabe, nur zum Rasensprengen nahm Roland den Schlauch in die Hand und spielte Feuerwehrmann. In diesem Alter entstand bei Barbara eine Beziehung zu Pferden, die zum Voltigieren führte. Die Trainerin war vor allem von der Harmonie meiner Tochter mit den Tieren begeistert. Es spürten

Babsi denkt schmunzelnd an die Angst, die Strolchi mit seinem Blinklicht beim nächtlichen Langlauf beim Pistenpräparator ausgelöst hatte.

sicher auch die Pferde, dass auf ihrem Rücken ein Kind saß, dem der sportliche Ehrgeiz nicht so wichtig war wie die Beziehung zum Tier.

Viel später war es das Langlaufen in Pertisau am Achensee, welches wir beide liebten. Allerdings nicht am Tage, da wimmelte es auf den Loipen von Urlaubern. Eigentlich waren wir mehr „Langlauf-Spazierer", unsere Zeit begann erst mit der Finsternis. Strolchi, mein weißer Mischling, war immer dabei. Damit ich den Hund im Schnee orten konnte, bekam er ein blinkendes Halsband, was damals noch völlig unbekannt war. Unser Vierbeiner hatte viel Spaß im tiefen Schnee außerhalb der Spur und sauste fröhlich hin und her. Als ein Pisten-Präparierer mit seinem Gerät das Blinklicht, nicht aber den weißen Hund oder uns sah, bekam er es mit der Angst zu tun. Ich weiß nicht, ob er an Außerirdische geglaubt hat, jedenfalls fing er laut zu schreien an. Erst als er uns entdeckte, beruhigte er sich.

Ein anderes Mal freuten wir uns auf einen Ausflug bei Vollmond. Ins Tal hinein ging es leicht bergauf und drinnen stand ein Gasthaus, das zu einer Jause einlud. Zurück auf der Loipe geht es dann natürlich leicht bergab, meist durch den Wald. Leider hatten wir nicht überlegt, wann der Mond hinter dem steilen Berg aufgehen würde. Bis ein Uhr warteten wir umsonst auf ihn. Die Abfahrt in stockdunkler Nacht war ausgesprochen unheimlich.

Wirklich gefährlich wurde es nur einmal. Babsi, ein weiteres Mädchen und ich hatten im „Pletzachtal" zum Langlaufen einen Nachmittag gewählt, an dem wegen des Wetters garantiert niemand außer uns unterwegs war. Es gab sehr viel Schnee und gleichzeitig Tauwetter. Die Spur läuft dort an einem Bach entlang, der durch den Temperaturanstieg unter der festen und dichten Schneedecke zu einem schnell fließenden Wasser wurde und die Schneemassen aushöhlte, was wir nicht sehen konnten. Anfangs wirkte die Oberfläche des Schnees nur nass und ich wollte noch bis zu der Alm, die nicht mehr weit weg war. Der Schreck war groß, als ich als Erste plötzlich fast bis zu den Knien im Wasser stand. Die Schneedecke war eingebrochen und jeder Meter weiter hätte uns noch mehr in Richtung Bach gebracht. Ich weiß heute nicht mehr, wie wir das Umdrehen mit den Langlaufschiern geschafft haben, jedenfalls hatte der Schutzengel wieder einmal aufgepasst.

Die erwachsene Barbara – den Namen Babsi möchte sie inzwischen nur noch im Familienkreis – besitzt immer noch eine große Leidenschaft für Bäume sowie die darin wohnenden Vögel. Sie sind ein Ausgleich dafür, dass sie als Programmiererin den ganzen

Tag vorm Computer sitzt. Meine Tochter hat in Niederösterreich sogar ein Seminar zum Kindergarten-Baumpädagogen besucht. Den Tipp dazu bekam sie von ihrem Cousin Stefan aus Baden bei Wien, dem Sohn meines Bruders und gleichzeitig mein Patensohn. Stefan hatte nach seinem Studium auf ein gutes Gehalt verzichtet, um mit Kindergartenkindern in den Wald zu gehen. Dadurch wurde von mir die Bindung zu Stefan intensiver als zu Birgit und Andrea, seinen beiden Schwestern. Mir tut es heute leid, dass ich meine Funktion als Patentante von Stefan so wichtig nahm, dass ich die Mädchen wenig beachtete, worunter sie lange litten. Ich war der Meinung, dass sie ja von ihren eigenen Patinnen verwöhnt würden, mit denen sie viel mehr Kontaktmöglichkeiten hatten, als zwischen mir und Stefan möglich war. Wieder einmal ist mir bewusst geworden, wie empfindlich Kinderseelen sind. Auch wenn mir inzwischen Birgit und Andrea schmunzelnd vergeben haben. Mein Bruder und seine Frau Rosi haben allen Grund dazu, auf ihre drei Kinder stolz zu sein.

Mutter, Schwiegermutter und Schwester

Als „Zuagroaste" hatte ich außer meiner „importierten" Mutter keine eigenen Verwandten in Tirol und war froh, dass ich mich mit der Schwiegermutter und deren Schwester in Innsbruck gut verstand. Sie freuten sich, wenn ich auf Besuch kam. Viele Jahre lang lobte mich meine Schwiegermutter dafür, dass ich bei meinem schwierigen Mann geblieben war. Nach der von mir gewünschten Scheidung war ich für sie und deren Schwester gestorben.

Meine eigene, sehr liebevolle Mutter wohnte ja in unserer Nähe und kam oft zu uns auf Besuch. Mit ihr hatte ich zwei Probleme: Sie fand es unverantwortlich, dass ich den Kindern erlaubte, im Haus fast immer barfuß oder nur in Socken herumzulaufen. Dazu kam ihre Unzufriedenheit mit meiner Inkonsequenz in der Erziehung, womit sie ja Recht hatte. Ich erlaubte Dinge, die ich am Vortag verboten hatte, auch deshalb, weil es meiner Ansicht nach an einem neuen Tag einen Grund für eine Änderung meiner Einstellung gab. Das passte natürlich gut zu den Vorwürfen, ich sei viel zu spontan, was ich nicht leugnen kann. Ich will gar nicht abstreiten, dass in mir der Hang zu schnellen Reaktionen sehr ausgeprägt ist. Mit dieser Eigenschaft bin ich bisher trotzdem gut gefahren, denn so konnte ich aus dem Bauchgefühl heraus Entscheidungen treffen, die sich dann auch als richtig erwiesen. Dass ich dabei immer viel Glück gehabt habe, ist mir erst heute wirklich bewusst.

Enttäuschender Urlaub

Als die Kinder drei und vier Jahre alt waren, freute ich mich auf den Urlaub meines Mannes und hoffte auf gutes Wetter für Ausflüge in die Umgebung, die ich besser kennenlernen wollte. Ich fand, dass er dringend eine Erholung verdient hatte. So war ich bitter enttäuscht, als am ersten Urlaubstag ohne Vorwarnung ein großer Müllcontainer für unseren Rasen geliefert wurde. Mein Mann arbeitete drei Wochen hart, um den gesamten Rasen abzuheben und zu erneuern. Er konnte den vielen Klee und die Gänseblümchen nicht ausstehen – damals war ein unkrautfreier Garten das Ziel vieler Hausbesitzer. Für einen tollen „englischen Rasen" war vermutlich die Humusschicht nicht gut genug. Diese Abneigung gegen jedes Unkraut in der Wiese war der erste von mir bemerkte Unterschied zwischen Tirol und Salzburg, ich hatte davon nie zuvor gehört.

Der zweite Unterschied zu Badgastein enttäuschte mich noch mehr. Singen war für mich immer etwas für lustige Stimmung. Auch in Tirol wird viel gesungen. Meistens aber mit vorheriger Verabredung dazu und möglichst mit Notenblatt und mehrstimmig. Das von Badgastein gewohnte spontane Singen von Menschen, die sich nicht einmal kannten und im Gasthaus erstmalig begegneten, gab es hier eigentlich nur auf Hütten. Ich war es gewohnt, dass auch im Tal in einem Lokal oft irgendjemand anstimmte. Das brachte ein viel größeres Textrepertoire mit sich und Texte wurden auch für Menschen Allgemeingut, die von sich aus niemals mit dem Singen begonnen hätten. Das Rad der Zeit lässt sich nicht zurückdrehen und ich gehe davon aus, dass diese Sing-Gewohnheiten inzwischen auch in Badgastein weniger geworden sind.

In Tirol genoss ich besonders das viele gemeinsame Schifahren innerhalb der Familie. Mein Mann freute sich dabei über Roland, der seinen Vaterstolz weckte, nachdem er bereits mit vier Jahren problemlos auch steilere Abfahrten hinunterfegte. Babsi war eher die Stilistin. Daneben gingen wir mit den Kindern kleinere Touren und liebten den Tiefschnee.

Eine Tour bescherte mir und den Kindern ein bewegendes Erlebnis: Ich hatte mich in den Energieferien für eine Schiwoche auf der Nösslachjoch-Hütte der Evangelischen Jugend im Wipptal angemeldet. Lift gab es dort keinen, also musste man zum Aufsteigen Felle verwenden. An einem Tag kam die Meldung, dass in unserem Gebiet ein Student in Selbstmordgefahr vermisst würde. Es dauerte einige Zeit, bis der junge Mann ziemlich weit oberhalb der Hütte regungslos und eingeschneit von unserer Gruppe entdeckt wurde. Handy gab es noch nicht und wir mussten zur Hütte hinunter, um einen Akja für den Transport zu holen. Diesen

Hier wurde der Lebensmüde im Schnee gefunden.

durch den Tiefschnee bergauf zu ziehen, verlangte von allen einen unvorstellbaren Einsatz, wobei auch die Kinder an ihre körperlichen Grenzen gingen. An der Fundstelle wurde der junge Mann, der bereits zwei Tage (!!) mit Schlaftabletten im Schnee gelegen war, vorsichtig auf den Rettungsschlitten gebettet. Dass er überlebt hat, grenzt an eines der vielen Wunder, welche ich in meinem Leben erleben durfte.

SEGELCLUB ACHENSEE ALS SOMMERLICHES ZUHAUSE

Kindersegeln

Als der Segelclub vor nun bereits über fünfzig Jahren den Pachtvertrag für das „Prälatenhaus" in Maurach am Achensee bekam, waren alle Mitglieder bei der Renovierung begeistert dabei. Das Haus war zweihundert Jahre alt, zuletzt als Schweinestall benutzt worden und die Wände bestanden vorwiegend aus sehr großen Steinen. Mein Mann arbeitete an der Elektrifizierung des Hauses und meine Aufgabe war es, die Leitungen entlang der Steine einzugipsen. Es muss im Winter gewesen sein, denn meine Erinnerung besteht nur aus Kälte. Einige Jahre mied ich den Segelclub am Achensee aus Sorge, eines meiner Kinder könnte im kalten Wasser ertrinken. Ich wollte, dass beide erst einmal schwimmen lernten. Mir selbst ging damals das Herz auf, wenn ich etwas größere Kinder im für sie geeigneten „Opti" segeln sah. Bald hatte ich für meine eigenen Kinder zwei alte Optis, „Fauler Willi" und „Blümchen", aufgetrieben. Da ich bei Flaute in der Wiese im Segelclub auch mit anderen Kindern Gemeinschaftsspiele organisierte, war ich bald die Organisatorin einer wachsenden Gruppe.

Immer mehr Eltern kauften für ihren Sprössling so ein Kindersegelboot und brachten zur verabredeten Zeit ihre Kinder in den Club, damit ich diesen einige Grundbegriffe beibringen konnte. Es gab noch keinen Ehrgeiz und ich hatte mein altes Urvertrauen, dass nichts passieren würde. Ein Vertrauen, das auch die Eltern übernahmen. Das war auch nötig, denn ein Motorboot zur eventuellen Rettung gab es nicht. Wenn irgendwo ein Kind Angst hatte, setzte ich mich selbst in ein Kinderboot und holte den Angsthasen an Land. Spaß und Spiele gab es jede Menge, es war für mich das erste echte Fußfassen in Tirol.

Eines Tages konnte ich wieder einmal erleben, wie kreativ Roland bei der Erfindung von Ausreden sein konnte. Er war sechs

Babsi im „Blümchen", Roland im „Faulen Willi", oft ausgebüxt

Jahre alt und wollte als Letzter noch ein wenig weitersegeln. Ich erlaubte es und schärfte ihm ein, nahe beim Steg zu bleiben. Anscheinend verstand er unter „nahe beim Steg" den halben See; jedenfalls war ich sauer, als er endlich zurückkam. Seine einfache Erklärung war: „Mutti, ich kann nichts dafür, heute haben mich zwei Liniendampfer gejagt."

Einmal gelangte Roland ins Regattabüro und entwendete dort eine Startpatrone, die er mit nach Hause nach Rum nahm. Am

So begannen viele Jahre Kindersegeln am Achensee.

Das hätte noch schlimmer ausgehen können.

nächsten Tag versuchte er gemeinsam mit seinem Freund Martin aus dem Kindergarten die Patrone zum Platzen zu bringen. Stundenlang warfen die zwei und andere Kinder Steine darauf, vorläufig geschah nichts. Erst ein großer Stein öffnete die Patrone und das schwarze Pulver bildete eine Schlange am Asphalt, was aber von unserem Haus aus nicht einsehbar war. Dann kamen die beiden auf die Idee, dieses Pulver anzuzünden. Martin kniete am Boden und rutschte mit dem brennenden Feuerzeug aus. Jetzt kam es zur erträumten Explosion, die einen Finger von Martin schwer verletzte. Er erlitt eine Verbrennung, die man heute noch sieht. So schnell war ich mit meinem Auto noch nie in die Klinik gerast wie mit dem verletzten Buben.

Die „Antn" (Dialekt für Ente)

Ein Jahr danach erfüllte sich für mich ein Traum, den ich davor kaum zu träumen gewagt hatte. Von einem Clubmitglied, das aus gesundheitlichen Gründen nicht mehr segeln konnte, bekam ich ein Klepper-Segelboot der Klasse „Partner" geschenkt. Dieses einfache Segelboot war wie geschaffen für mich und das Mitsegeln von mehreren Kindern. Es war November und das Boot stand auf dem Clubgelände. Mit Roland fuhr ich zum Achensee und von ihm kam ein spontanes Ja zur Idee, das Schiff noch auszuprobieren. Erst einmal mussten wir das Eis vom Boden des Bootes entfernen. Die Schoten waren steif gefroren, aber wir hatten Handschuhe an und waren warm angezogen. Das Schiff über die Wiese zum Wasser zu schleifen, war kein Problem und eine Stunde lang segelten wir in der Vorfreude auf den nächsten Sommer.

Einer der ersten Segel-Ausflüge mit der „Antn" zum Kaffeetrinken nach Pertisau mit meiner Freundin Heidi endete mit besonderer Hochachtung ihr gegenüber. Beim Wiedereinsteigen ins Boot vergaß ich darauf zu achten, dass Heidi als Anfängerin dabei das eher leichte Schiff mit einem Bein nicht wegschob, während sie mit dem anderen noch am Steg stand. Die Beine machten einen Spagat, an dessen Ende ein senkrechtes Abtauchen ins Wasser folgte. Ich selbst wäre – wie all meine anderen Bekannten – mit saurem Gesicht aufgetaucht. Meine Mitseglerin nicht. Lachend und triefend vor Nässe stieg sie in ihrem Alltagsgewand wieder ins Boot. Sie freute sich riesig, dass beim schwungvollen Sturz in den See ihre Brille ins Schiff geschleudert worden war. Die Außentemperatur war kühl, der Wind schwach und es dauerte einige Zeit, bis wir im Club ankamen und provisorische Kleidung auftreiben konnten. Verkühlung gab es keine.

Trotz dieser Panne habe ich dieses einfache Segelboot geliebt und erst, nachdem die Kinder größer waren, gegen ein anderes ausgetauscht.

Segellager Simssee mit 15 Kindern

Nach etlichen Sommern im Clubgelände am Achensee war „meine" Gruppe auf 15 Kinder angewachsen und ich wollte ihnen ein wenig Pfadfinder-Romantik durch ein Lager ohne Eltern bescheren. Heute greife ich mir an den Kopf, wie ich darauf vertrauen konnte, dass nichts passieren würde, so völlig abgelegen diese Woche verbringen, wo mir zur Rettung eines Kindes nicht einmal ein Motorboot zur Verfügung stand. Ich hatte zur Betreuungs-Hilfe eine einzige Mutter, die keine Seglerin war. Für den Transport zum See stand ein Hänger zur Verfügung, auf den bis zu zehn Boote quer und eines noch obendrauf geladen wurden.

Ich hatte einen See gesucht, der sowohl zum Schwimmen als auch zum Segeln geeignet war. Der immer kalte Achensee bot ja nur das Zweite davon. Ich entdeckte den Simssee in der Nähe vom Chiemsee. Er ist groß genug, um sich darauf zu verirren, weil es rundherum nur Schilf, aber keine Berge für die Orientierung gibt. Sehen kann man ihn von der Autobahn nicht, nur vom Zug aus. Dafür ist dieser See warm und als wir ankamen, hatte er 24 Grad, sodass die Kinder immer darum baten, das Kentern zu üben. Ich weiß nicht mehr, wie ich es ohne Internet schaffte, auf dieses tolle Gewässer zu stoßen. Heute gibt es beim See einige Gasthöfe zum Übernachten, damals war in der Nähe des Segelclubs weit und breit kein einziges Haus. Ich war begeistert, dass wir in dem kleinen Clubhaus übernachten durften und am Gelände Zelte aufstellen konnten, denn die einzige Stube hätte zum Schlafen nicht gereicht.

Insgesamt konnten zehn Kinderboote aufgeladen werden.

Kopfweh machte mir nur die Vorstellung, dass womöglich schlechtes Wetter herrschen würde. Wie sollte ich dann die Kinder in der kleinen Stube den ganzen Tag beschäftigen? Die Frage wurde durch die täglichen Regengüsse beantwortet, welche die Kinder mit viel Humor zum Anlass nahmen, eine der lustigsten Segelwochen daraus zu machen, der dann noch viele weitere folgen sollten. Es waren etwas ungewöhnliche Wetterverhältnisse: ständig zehn Minuten Regen, zehn Minuten Sonne. Umziehen lohnte sich nicht. Wem kalt war, der wärmte sich im See auf und zum Segeln gab es genug Wind. Zwei Zelte standen bereits unter Wasser, da wurden mit Club-Segeln auf der Terrasse eben neue gebaut. In der Stube gab es einen elektrischen Ölradiator, über den ich nasses Gewand hängte, was einen Hitzestau ergab. Flammen waren die Folge, wir konnten sie dank genügend Wasser löschen.

Warmes Wasser im Simssee

Am letzten Tag kam plötzlich eine Truppe von acht Bundeswehr-Soldaten, die nach irgendeinem Gerät tauchten, das im Frühjahr im See verschwunden war. Es konnte schnell geborgen werden und die Soldaten hatten Zeit, mit den Kindern im Clubhaus zusammenzusitzen. Gemeinsam sangen wir Lieder, welche die Kinder aussuchten. Als Dank für die Unterstützung durch diese kräftigen Stimmen gab es dann Würstel, von denen ich noch genug hatte. Wobei die Landesverteidiger ihre Fähigkeiten zeigen konnten: Einer konnte dem anderen Senf aus der Tube einen Meter weit in den Mund spritzen, ohne dabei zu kleckern.

Es war ein wunderbarer Abschluss einer Segelwoche, in der das Lachen den Regen weit übertönte. Weitere Opti-Segellager am Chiemsee, Zeller See, Achensee, Kalterer See, Gardasee und wieder am Simssee konnten die damalige Stimmung des Regen-Lagers nicht übertreffen.

Familientreffen am Traunsee, von links, hinten: Schwägerin Rosi, Roland, Rupert, ich und Babsi. Vorne die Kinder von Rosi und Rupert: Andrea, Stefan und Birgit

Vor kurzem gab es für mich durch Roland noch einen nachträglichen Schreck: Er zeigte mir plattgewalzte Schillingstücke. Die hatte er am Simssee, wo die Bahn hinter dem Clubhaus vorbeifährt, gemeinsam mit dem um zwei Jahre älteren Stephan auf die Schienen gelegt, um das Zahlungsmittel kunstvoll zu verändern.

Irgendwann waren meine Kinder dem Opti-Alter entwachsen und wechselten in den 420er, ein Zweimannschiff. Eine Regatta mit diesen Booten fand am Traunsee statt, wo man wegen des typischen Windes um sechs Uhr früh starten musste. Für mich war das eine tolle Woche, weil Rupert mit seiner Frau Rosi und seinen drei Kindern auf Besuch kam. Roland war mit seiner Segelpartnerin Claudia im Einsatz, Babsi mit Verena. Dieses Mädchen meinte nach einer Segelsaison, dass sie lieber Tennis spielen wolle, was die damals vierzehn Jahre alte Babsi so enttäuschte, dass sie zwanzig Jahre lang auf kein Segelboot mehr stieg.

Roland und Claudia dagegen wollten sich weiterhin mit anderen messen und so fuhr ich zwei Sommer lang mit ihnen zu Jugendregatten auf verschiedenen Seen. Das Schiff wurde auf einem Hänger transportiert, was mir beim normalen Fahren kein Problem machte. Nur beim Reversieren war ich einfach unfähig. Ich löste das Problem, indem ich den Hänger abkuppelte, ihn umdrehte und dann mit dem Auto so hinfuhr, dass er wieder angehängt werden konnte. Eine nicht gerade elegante Lösung. Als wesentlich unangenehmer empfand ich die Nächte im Zelt. Ich schlief miserabel und erwachte jedes Mal steif wie eine Statue. Erst die Vorfreude der Jugendlichen auf ihre Regatta steckte mich an und beendete den ungemütlichen Zustand.

Schüleraustausch Gymnasium Angerzellgasse

Die Volksschule wurde von den Kindern ohne dramatische Vorkommnisse absolviert. Hausaufgaben machen, spielen, Schi fahren und am Ende der Zeit die Diskussion, in welche Schule es nach der vierten Klasse gehen sollte. Die Entscheidung für die Unterstufe fiel bei Roland auf das Gymnasium Adolf-Pichler-Platz, bei Babsi auf die Französisch-Klasse im Gymnasium Angerzellgasse. Als sie im April 1986 in die zweite Klasse ging, kam es zum alljährlichen Schüleraustausch mit einer Schule in Frankreich. Ich spürte vom ersten Tag an beim Telefonieren ihre Verzweiflung und nach vier Wochen kam sie wegen des Heimwehs völlig verstört zurück. Im Jahr darauf kamen die Kinder aus Frankreich nach Tirol. Als für einen Buben keine Familie gefunden wurde, erklärte ich mich bereit, zwei Kinder zu übernehmen. Das klappte recht gut, bei schönem Wetter waren die Kinder im Garten. Mein Schul-Französisch war zwar nicht gerade toll, es reichte aber. Wozu meine Zeit nicht reichte, war das Abhören von Radionachrichten. Fernseher hatten wir sowieso keinen. So bekam ich erst mit drei Tagen Verspätung die Aufrufe mit, dass man Kinder wegen der Explosion des Kernkraftwerkes Tschernobyl nicht ins Freie lassen dürfe. Mein erster Gedanke war, dass jetzt die Totalverseuchung der Erde gekommen war, die Sorge um die Kinder aus Frankreich war riesig. Wie sollten sie zurückkommen, wenn womöglich keine Züge mehr fahren würden oder Straßen unbrauchbar wären?

Zum Glück waren meine Ängste diesbezüglich übertrieben, die Sorgen aber berechtigt. Das ist jetzt 30 Jahre her und die Halbwertzeit von vielen radioaktiven Isotopen ist gerade erst erreicht. Damals überzogen die Wolken die halbe Erdkugel, Österreich gehörte zu den am meisten betroffenen Ländern. 2 Prozent der Giftwolke über Europa gingen in Österreich nieder. Anfangs wurde von Russland beschwichtigt, bis in Schweden die Alarmgeräte ausgelöst wurden. Messbar waren abnormale Werte bis nach Afrika. Noch heute ist das Muskelfleisch der Wildschweine im Bayrischen Wald mit einem zehnfachen Wert vom EU-Grenzwert belastet, in Sachsen muss ein Viertel der erlegten Wildschweine als giftig entsorgt werden.

In der Zeit nach dem Reaktorunfall wurde vor dem Verzehr von Pilzen gewarnt. Ganz besonders vor der Belastung meiner geliebten Reifpilze, die so gut wie nie wurmig sind. Vor Tschernobyl war ich mit den Kindern oft in Gnadenwald Pilze suchen, dieses Hobby ist später eingeschlafen. In den letzten Jahren nehme ich mir dazu öfters wieder Zeit. Dabei habe ich eine bemerkenswerte Beobachtung gemacht: In Tulfes musste ich 2014 nicht weit ge-

166

hen, um ein Waldstück zu finden, das mit den angeblich so belasteten Reifpilzen übersät war. Sie wuchsen auf einem ganz normalen Waldboden. Im Jahr darauf war das ganze Waldstück mit Moos übersät und kein einziger Reifpilz mehr zu finden, obwohl Monat und Witterung identisch mit dem Jahr davor waren. Ich kann diese Schwammerln nicht ausgerottet haben, weil ich das Pilzmyzel immer im Wald lasse, indem ich mit einem speziellen Pilzmesser oberhalb der Wurzel abschneide. Im dritten Jahr war das Moos wieder weniger, aber wieder keine Reifpilze. Ob das ein Umweltschaden ist, eine Laune der Natur oder ob der Wald zur Regeneration selbst immer wieder Änderungen vornimmt, weiß ich nicht. Es wird mich dort immer wieder hinziehen. Durch das Lesen von Büchern interessieren mich diese Zusammenhänge immer mehr.

Igelrettung – das große „Hobby"

Begonnen hat mein intensives Interesse an Igeln dadurch, dass mein Mann im Garten einen toten Igel fand und darüber sehr traurig war. Ich wollte ihm eine Freude bereiten und einen Igel auftreiben. Wir versuchten, Informationen über diese Tiere zu bekommen. Es ist heute unvorstellbar, dass das Wissen über diese Stacheltiere damals so mangelhaft war, dass nicht einmal in bekannten Fachbüchern etwas Vernünftiges zu finden war; die Aussagen hatten zum Teil einen ähnlichen Wahrheitsgehalt wie Geschichten in einem Märchenbuch. Die Tirolerin, die sich als erste mit dem Thema befasst hatte, fuhr für Informationen extra nach Zürich, da es dort bereits kundige Igelfreunde gab.

Als mir von dieser Tierfreundin der erste mutterlose Wurf von Igelbabys in die Hand gedrückt wurde, glaubte ich, die Fütterung

Igelaufzucht – der Start für ein großes Engagement

von Felix, Hektor, James und Betty so nebenbei im Büro der Firma Trentini absolvieren zu können. Das war ein Irrtum, weshalb ich mir zwei Wochen Urlaub nahm. Als meine Pfleglinge einige Wochen alt waren, sausten sie schon recht munter durch das Wohnzimmer. Bis Felix im waagrechten Lüftungsschlitz einer gemauerten Heizung verschwand und nicht mehr herauskonnte. In Panik versucht ein Igel dann eine Kugel zu machen, womit er noch viel mehr eingeklemmt wird. Einige Stunden saßen mein Mann und ich vor dem Speicherofen und beratschlagten eine Rettungsaktion. Es gab nur die Möglichkeit, mit Gewalt das Igelkind herauszufischen, ansonsten würde es drinnen sterben. Mein Mann bog ein schmales Bandeisen zu einem halbrunden Haken, fuhr durch den Schlitz und umfasste von hinten den Igel. Mir brach das Herz wegen der Gewalt, die nötig war, um das Tier herauszuholen. Der Igel war nicht nur eingehüllt in Staub, es waren auch etliche Sta-

Felix hat überlebt.

cheln abgebrochen und jedes Gelenk anders ausgerenkt. Der Anblick war grauenhaft, aber nur zehn Minuten lang. Dann begann
der kleine Igel, hintereinander seine Gliedmaßen einzuziehen,
eine Kugel zu machen und diese nach wenigen Minuten wieder zu
öffnen. Alle Gliedmaßen waren wieder so, wie sie gehörten, und es
dauerte nur kurz, bis Felix mit dem Fressen begann.

Es war an einem Silvestertag und ich wollte auf keinen Fall
mehr einen fünften Igel aufnehmen. Vor der Türe stand ein
Bauarbeiter mit einem fast verhungerten Igel, den er in einem
Schacht gefunden hatte. Ich wollte streiken, denn in der großen
Küche liefen bereits die vier im Herbst aufgezogenen Igel her-
um. Von der Möglichkeit eines verspäteten Winterschlafs durch
Errichtung eines Baues im Freien hatte ich noch keine Ahnung.
Nein – ich wollte keinen fünften Igel. „Dann wird er ausgesetzt.“
Dass das den Tod dieses geschwächten Tieres bedeutet hätte, war

mir klar, zumal draußen viel Schnee lag. Daher wurde Adele aufgenommen. Sie war mein erster egoistischer Igel. Die anderen vier stellten sich bisher immer im Kreis um den Futterteller und fraßen dann Richtung Mitte. Adele konnte sichtlich noch nicht glauben, dass die Hungersnot vorbei war, und setzte sich mitten in den Teller, um die andern am Fressen zu hindern. Mühsam gelang es ihr, ein wenig Futter für sich selbst mit den Vorderpfoten unter ihrem Bauch herauszuholen. Sie sah nicht, dass hinter ihr die anderen Igel unter ihrem Hinterteil das Futter herausholten und satt wurden. Erst wenn die vier gegangen waren, stieg Adele vom Teller herunter und konnte selbst fressen. Das Beobachten dieser Stacheltiere machte uns Freude, trotzdem waren wir froh, sie im Frühjahr der Natur zurückgeben zu können.

Als meine Kinder vier und fünf Jahre alt waren, gab es im Wohnzimmer in Rum ausgerechnet am 23. Dezember wieder einen eingesperrten Igel. Der Stachelfreund hatte sich im Wohnzimmer durch die Fuge einer eingebauten Wohnwand gepresst. Dahinter konnte er auf einer Länge von mehreren Metern frei hin und her laufen, aber an ein Zurückkommen war nicht zu denken, weil dort der Boden glatt war und er immer ausrutschen würde. Es nützte nichts, die Wohnwand musste ab- und wieder aufgebaut werden, um den Igel zu befreien. Das ergab eine unromantische Weihnachtsvorbereitung, welche die Kinder als lustig empfanden. Vor allem Roland lief nur noch mit Werkzeug durch die Gegend und wollte dieses überall ausprobieren. Schraubenzieher und Hammer sind sichtlich ein ganz exklusives Spielzeug, da kann das Christkind nicht mithalten.

Da die Igelhilfe durch meinen Mann entstanden war, hatte er nichts gegen das häufige Klingeln an der Türe zur Begutachtung von Stachelgesellen, zumal er tagsüber nicht daheim war und wenig mitbekam. Zwanzig Jahre lang befasste ich mich intensiv mit diesen Tieren, erlebte und lernte dabei immer wieder dazu. Meine zwei liebsten Geschichten betreffen erwachsene Igel:

Hinter dem Haus hatten wir einen zwanzig Quadratmeter großen Raum, der durch Mauern komplett ausbruchssicher war. Hier war genug Platz, um einigen Igeln ein Quartier für den Winterschlaf anzubieten. Seppl hatte in einer Ecke ohne Hilfe durch mich einen Haufen aus getrockneten Blättern zusammengetragen und war darin – vor Regen geschützt – in den Winterschlaf gegangen. Vroni hatte sich für eine andere Ecke entschieden und schreckte vor Diebstahl nicht zurück. Sie trug Blatt für Blatt von Seppls Haufen zwischen den Zähnen auf ihre Seite. Hätte ich den so entblätterten Seppl nicht wieder eingepackt, wäre sein Winterschlaf zum Problem geworden.

Ein echtes Wunder der Natur erlebte ich durch den Igel Rasi, der zu mir zum Einschläfern gebracht wurde. Er war vom Rasenmäher am Kopf abrasiert worden und jede Menge Maden bevölkerte den sichtbaren Schädelknochen des Igels. Ich meldete mich bei der Tierärztin zum Einschläfern an. Als ich vom Telefon zurückkam, saß der Igel vor der Futterschüssel eines anderen Tieres und fraß, womit er mir mitteilte, dass er leben wollte und ich das Einschläfern absagte. Die Frage war nur, wie ich die Maden am Kopf loswerden würde. Die rettende Idee kam mir dank des Verbandskastens für meine Kinder. Darin befand sich eine Spraydose, mit der man kleine Verletzungen zukleben kann. Diesen Inhalt sprühte ich auf den Kopf und verklebte damit diese scheußlichen Maden. Die hatten noch 24 Stunden lang versteckten Nachwuchs unter dem Panzer, aber dann war Schluss damit. Nach drei Tagen sah der Igel aus, als wäre die Verletzung uralt. Ich behielt Rasi noch einige Wochen bei mir und stellte ihm dann durch Öffnung eines Schlupfloches frei, ob er bleiben oder gehen wollte. Er entschied

Rasi, der Überlebenskünstler

sich dafür, auszuwandern. Zwei Monate später bekam ich abends um 23 Uhr einen besorgten Anruf, dass bei einem Gasthaus ein verletzter Igel gefunden worden wäre. Trotz strömenden Regens startete ich und freute mich gleich darauf riesig. Es war Rasi, dem es blendend ging und der nur wegen seiner Glatze verletzt aussah. Igelmänner riechen ihre Damen sehr weit und so war es nichts Besonderes, dass sich der Ort des Wiedersehens einige Kilometer weit weg von meinem Garten befand.

Der Winterschlaf des Igels ist etwas, das mich ungemein fasziniert. Als Säugetiere haben sie normalerweise die gleiche Körpertemperatur und die gleiche Herzfrequenz wie wir Menschen. Wenn der Insektenmangel vor Winterbeginn anfängt, bezieht der Stachelfreund sein Winterquartier, das oft unter einem Schuppen oder in einem großen Haufen von Gerümpel zu finden ist. Dort verarbeitet er Blätter und Heu zu einem warmen Nest. Dann rollt er sich ein und senkt die Körpertemperatur bis auf fünf Grad Celsius ab. Er atmet ein Zehntel vom Wachzustand, die Herzleistung wird noch viel drastischer auf wenige Schläge pro Minute gesenkt.

Wie unterschiedlich das Temperaturempfinden sein kann, zeigten mir zwei meiner Schützlinge. Einer hatte sich in unserm Steingarten schon eine kleine Höhle vorbereitet, in die er bei einem Gewitter Ende August zum Winterschlaf einzog. Dass er im Frühjahr wieder putzmunter auftauchte, freute mich besonders. Verwechslungen waren nicht möglich, da sie alle mit Nagellack verschieden markiert wurden. Ein anderer Igel wurde im Jänner verspätet in einen Winterkäfig geschickt und brauchte eine Woche bei minus zehn Grad, um seine Körperfunktionen zu reduzieren.

Beide Kinder in der HTL

Meine Kinder waren 14 und 15 Jahre alt, als ich meinte, ohne Scheidung in eine Depression zu verfallen, worin ich mich zeitweise schon befand. Ich fühlte mich auch nach Jahren in Tirol noch isoliert, denn Besuche wollte mein Mann keine. Natürlich hatte er das Recht zu seiner Einstellung, dass so etwas unnötig wäre. Ihm waren Fußballspielen und im Sommer Surfen wichtig, was ich gut fand, mir selbst nützte das nichts gegen eine menschliche Vereinsamung. Die Anfragen um Igelinformationen ergaben keine privaten Kontakte. Dabei hatten wir als Gemeinsamkeit das Schifahren, trotzdem lebten wir nebeneinander. Mein Mann war von mir darüber enttäuscht, dass ich immer noch so optimistisch war, was er als nervig empfand, aber schließlich war ich acht Jahre jünger und zum ersten Mal in einer Ehe. Als ich nach Tirol kam, kannte ich niemanden, was sich nur wenig änderte. Mein Mann hatte keinen privaten Bekanntenkreis und so wurden wir nie irgendwo eingeladen.

Mitauslöser für meinen Entschluss zur Trennung war eines Tages die Mitteilung meines Ehemanns, er würde alleine nach Fuerteventura auf Urlaub fliegen. Ich hatte das schon einige Wochen davor von Freunden gehört, konnte es damals aber nicht glauben. Die Kinder meinten anfangs, dass das Stöbern ihres Vaters in Reiseprospekten der ganzen Familie dienen sollte. Ich versuchte, deren Enttäuschung mit einem Zelturlaub im Salzkammergut auszugleichen. Leider mit nur wenig Erfolg, weil es eine unfreundliche und sehr kalte Regenwoche wurde.

Die Ehe hat trotzdem 18 Jahre gehalten, vor allem wegen der Kinder. Ich hatte einen Einzelgänger als Ehemann, den ich als Perfektionisten nicht glücklich machen konnte. Gerade deshalb hatte ich oft ein schlechtes Gewissen und das Gefühl, mich völlig unterordnen zu müssen, weshalb wir auch so gut wie nie miteinander stritten. Ich war Auseinandersetzungen nicht gewohnt und reagierte konfliktscheu. Hätte ich bei Bedarf auf unnötige Vorwürfe wirklich wütend reagiert oder mir einen persönlichen Freiraum geschaffen, so wäre die Ehe vielleicht zu retten gewesen. Es waren ja meistens Kleinigkeiten, wenn sich mein Mann über mich oder die Kinder ärgerte. Natürlich war ich bemüht, meinen Partner nicht aufzuregen und ihn nicht zu reizen, wie es mir auch die Schwiegermutter empfohlen hatte. Heute weiß ich, dass ich nur dafür herhalten musste, dass sich mein Mann täglich über ganz andere Dinge im Zusammenhang mit anderen Menschen oder dem Beruf ärgerte, wobei er diese Stimmung nach Hause brachte. Ich hatte keinen persönlichen Gesprächspartner und vermisste harmlose Fröhlichkeit. Mein Heimweh nach Badgastein wurde immer größer, ohne Kinder hätte ich Tirol verlassen. Einmal ging ich alleine eine Schi-Tour bei gefährlichen Verhältnissen und wäre am liebsten bewusst in einen Lawinenhang gestiegen. Obwohl ich mir bei diesem Gedanken heute als sehr undankbar für mein Leben vorkomme.

Mein Mann und ich schafften es nicht, offen über innerste Gefühle zu sprechen. So ging immer mehr die gegenseitige Achtung verloren, die sich bei mir wegen der meist negativen Stimmung schon lange von Liebe in Mitleid verwandelt hatte. Wobei mein Mann von meinen Trennungswünschen nach achtzehn Jahren völlig überrascht war. Ich war und bin nicht fehlerfrei, wegen des mit den Jahren verlorenen Selbstvertrauens war ich dazu eine langweilige, uninteressante Frau geworden. Erst nach der Scheidung fand ich meinen ursprünglichen Charakter wieder.

Das Interesse meines Mannes an den Kindern war anfangs gering gewesen und ist erst in deren Teenager-Alter durch die Computerspiele im Keller entstanden. Damals war ein Computer noch etwas Besonderes. Heute freue ich mich, dass der Vater von Barbara und Roland mit ihnen als Erwachsene einen positiven Kontakt hat und sie sich regelmäßig treffen. Ehrlicherweise muss ich gestehen, dass ich anfangs eifersüchtig war, weil ich finanziell mit den Angeboten des Vaters an seine Kinder nicht mithalten konnte, was ich heute als unwichtig ansehe.

Inzwischen ist zu meinen beiden Kindern die Schwiegertochter Corinna dazugekommen, die mit Roland den Härtetest im Wohnen auf der Hütte am Achensee bestanden hat. Das waren vier Jahre auf 35 Quadratmetern, was sich durch eine neue Wohnung in Vomp demnächst ändern wird.

VERÄNDERUNGEN UND NEUSTART

Neuer Lebensweg

Nach unserer Trennung musste ich 1989 entscheiden, wo ich arbeiten wollte. Es war an der Zeit, berufstätig zu werden, denn ich hatte die Kinder zu sehr unter eine Glasglocke gesetzt. Jetzt konnte ich ihnen endlich das Gefühl von Selbstständigkeit und Vertrauen geben. Wobei ich schulisch in der HTL sowieso nicht helfen konnte, da ich von ihrer technischen Ausbildung keine Ahnung hatte. Für Barbara wurde auf Grund eines Tests der Zweig Nachrichtentechnik (heute Informatik) in der HTL empfohlen, wo Mädchen damals noch einen Seltenheitswert hatten. Roland hatte sich selbst für Tiefbau entschieden.

Der Abschied von meiner zeitweise übertriebenen Bemutterung war anscheinend zu plötzlich; rückblickend entstand bei beiden das Gefühl einer Gleichgültigkeit ihnen gegenüber. Schon in der Volksschule wollte ich verhindern, dass die Meinung entsteht, die Liebe zu den Kindern ginge über schulische Leistungen. Ich meinte immer, dass meine Kinder dankbar dafür sein sollten, dass sie leicht lernten. Heute würde ich gute Noten viel mehr loben. Das hätten sie auch in der HTL verdient. Mein Sohn hat mich allerdings einmal wirklich entsetzt, worüber ich heute nur schmunzeln kann. Ich hatte wegen eines Streichs Sorge, dass man ihn von der Schule verweisen könnte.

Da stand er also in der Küche und erzählte strahlend, dass er an diesem Tag die Schule ausgeräumt hätte. Er hatte im Keller den Trafo seiner Spielzeugeisenbahn so eingebaut, dass er damit die Feuersirene zu einer bestimmten Zeit auslösen konnte. In der heutigen Zeit der Elektronik ist das keine Meisterleistung mehr, damals war es etwas Besonderes, dass zu Beginn der Chemie-Stunde die Sirene für die ganze Schule losging. Also alle Schüler raus aus den Klassen, Sorgen machte sich Roland vorerst keine. „Weißt du,

Mutti, Chemie mögen wir alle am wenigsten. Meine Mitschüler halten sicher dicht, sodass ich nicht auffliege. Außerdem habe ich mich davor erkundigt und erfahren, dass die Sirene nicht direkt zur Feuerwehr geht."

Mir war natürlich klar, dass es nur Stunden dauern konnte, bis die Lehrer wussten, wer der Missetäter war. Ich musste mich zusammenreißen, Roland nicht mit einem Geständnis zum Direktor zu schicken, er sollte selbst auf die Idee kommen. Mein Jammern, dass man zu meiner Zeit für so etwas von der Schule geflogen wäre, hat vielleicht ein wenig dazu beigetragen, dass er nach 48 Stunden selbst zum Direktor gegangen ist. Dieser reagierte super, denn natürlich wusste er längst, wer für den Alarm verantwortlich war. Er meinte nur, dass Roland endlich erklären sollte, wie er das gemacht hatte, weil es die Lehrer nicht herausbekommen hatten. „Und tun Sie so etwas nie wieder!"

Roland wurde später zum Schulsprecher gewählt, da war es mit konzentriertem Lernen vorbei. Im ganzen Jahr interessierten ihn vorwiegend diese Termine und er fuhr sofort an jeden Ort, von wo eine Einladung zu einer Besprechung kam. Die Folgen waren klar: ein Jahr HTL als Ehrenrunde. Als das feststand und ich es kritisieren wollte, erinnerte mich Roland daran, dass ich immer gesagt hatte, dass Menschlichkeit die wichtigste Leistung sei. Er hätte ja die ganze Zeit nur versucht, schwachen Schülern bei Ungerechtigkeiten zu helfen. Bei solchen Argumenten war ich machtlos.

Ich leide selbst unter dem Helfer-Syndrom und hatte öfters fremde Kinder wegen irgendwelcher Notfälle wochenlang im Haus. Wie einen kleinen Buben, dessen Vater todkrank in der Klinik lag und Betreuung benötigte, da die Mutter in dieser Zeit bei ihrem Mann sein wollte. Oder wie durch die Tragödie einer Freundin aus Wien, die nach Tirol auf Besuch gekommen war. Mit den beiden Kindern wohnte sie im Hotel an der Talstation der Axamer Lizum. Ich besuchte sie und wir vereinbarten, dass sie gemeinsam am nächsten Tag zu mir auf Besuch kommen sollte. Es schneite intensiv und die ganze Familie war vom Schnee begeistert. Die Freundin war einfach glücklich und meinte, an diesem herrlichen Platz eines Tages sterben zu wollen. Als sie am Tag danach den Kofferraum ihres Autos öffnete, kam eine Lawine herunter und tötete die Frau. Natürlich hatte ich wieder das Gefühl, für die plötzlichen Halbwaisen momentan da sein zu müssen.

Die Matura von Roland machte mir ebenfalls Kopfzerbrechen. Er hatte eine nicht bestandene Nachprüfung. Womit er beschloss, dass er keine Matura brauchen würde, denn studieren würde er ja sowieso nie. Natürlich ging ich ihm auf die Nerven mit meinem Versuch, es doch noch zu versuchen, was zur Flucht von daheim führte. Und zwar als DJ nach Samnaun und zum Achensee. Oder ins Gastgewerbe in die Schweiz. Ich habe dann ziemlich dumm dreingeschaut, als er mir nach einem Jahr das heimlich erarbeitete Maturazeugnis doch noch auf den Tisch legte.

Nach etlichen Jahren des „Streunens" bewarb sich mein Sohn bei einem großen Kino in Innsbruck als Geschäftsführer. Er engagierte sich auch für die Mitarbeiter und beschwerte sich schriftlich bei seinen Vorgesetzten in Wien über einen Vorfall, wobei er sich offen auf die Seite der Mitarbeiter stellte. Er zeigte mir den Brief und ich war stolz auf seine Ehrlichkeit und seinen Mut. Damals wusste ich noch nichts von der Härte im Geschäftsleben und dass Kritik nach oben zur Kündigung führen kann – wie es Roland passierte.

Seit Jahren ist Roland im Baugewerbe. Neben seiner Arbeit studiert er jetzt Betriebswirtschaft und hofft, innerhalb von drei Jahren fertig zu werden, obwohl er vermutlich mit den Anforderungen in dieser Größe nicht gerechnet hat. Zwei Drittel hat er bereits geschafft. Abschalten kann er, wenn er seine Kinder regelmäßig am Wochenende auf die Hütte am Achensee holt. Seither kann auch ich mit meinen Enkelkindern zusammen sein, was jahrelang nicht möglich war. Meine erste Schwiegertochter lehnte mich nach ihrer Übersiedlung aus Oberösterreich sofort ab, obwohl sie mich nicht kannte. Bei der Taufe von meinem ersten Enkel Leo wurde besonders deutlich, dass nur ihre eigene Familie aus Oberösterreich zählte, ich und mein Bruder Rupert (obwohl Patenonkel von Roland) dagegen nichts. Es war für mich eine demütigende Zeit, wenn ich im Segelclub meinen kleinen Enkel nicht anfassen durfte, andere Clubmitglieder aber schon. Roland bedauert heute, dass er meine Verzweiflung in dieser Situation nicht mitbekam. Ich hatte mich sehr auf meine Enkelkinder gefreut, die versäumten Jahre lassen sich leider nicht nachholen.

Ich bin froh, dass die Zeit, die mich so viele Tränen gekostet hat, vorbei ist. Ich kann heute mit meiner ehemaligen Schwiegertochter einen normalen Umgang pflegen und es gibt kein Problem, wenn ich mit Leo und Lara Kontakt habe und sie auch mal bei mir übernachten. Dazu finde ich es schön, dass Barbara als Tante ebenfalls viel Freude an meinen Enkeln hat. Die Spannungen im Zusammenhang mit der Scheidung sind nicht zu vermeiden und ich sage mir einfach, dass mich das nichts angeht. Trotzdem bleibe ich in meiner Familienkonstruktion sowohl Mutter als auch Schwiegermutter, Ex-Schwiegermutter und Großmutter und stehe da mittendrin, was nicht ganz einfach ist.

Tierschutzverein im Alten Landhaus

Meine Entscheidung im Jahre 1989, für gutes Geld in Innsbruck als Drogistin zu arbeiten oder für sehr wenig oder gar kein Geld beim Tierschutzverein, habe ich richtig getroffen. Vom Tierschutzverein für Tirol wurde damals für den Vormittag eine Sekretärin für Büroarbeiten im Alten Landhaus gesucht, wo seit langem der Raum der Bergwacht mitbenützt werden konnte, da im Tierheim dafür kein Platz war.

Im Herbst übernahm ich mit viel Elan meine Aufgabe – nicht ahnend, was daraus werden sollte. Anfangs gab es vorwiegend Langeweile. Ich sollte die Tierschutzarbeit, die per Telefon hereinkam, bearbeiten. Allerdings kam in der ersten Woche nur ein einziger Anruf. Und den hielt ich erst einmal für einen Scherz. Ein Mann aus Aldrans beschwerte sich darüber, dass in seinem Zwetschgenbaum ein Waschbär sitze und seine Früchte verspeise. Dass sich damals einige Tiroler tatsächlich diese Tiere hielten, wusste ich nicht. Es stellte sich heraus, dass der Waschbär einem Nachbarn gehörte und dieser – sich entschuldigend – den Schaden ersetzte.

Eine meiner ersten Aktionen war der Aufruf über die Medien zur damals kaum bekannten Verpflichtung, Hundekot selbst zu entsorgen. Die ersten Gassi-Automaten in Österreich waren eine Sensation und gemeinsam mit der Stadt wurden 21 Stück davon aufgestellt. Was zu einem Leserbrief führte, Welzig hätte jetzt die Stadt mit diesen Automaten zugepflastert. Egal, auch diese Meldung erfüllte ihren Zweck, nämlich zur Rücksicht zu mahnen und damit Hundehaltung sympathischer zu machen.

Es dauerte einige Zeit, bis unter Tierfreunden durchsickerte, dass ich mich ihrer Probleme annahm und Lösungen suchte. Dabei lernte ich Personen kennen, die sich schon lange mit aller Kraft für die Kastration herrenloser Katzen einsetzten. Ich war einfach entsetzt, wo überall und mit welcher Selbstverständlichkeit unzählige Katzenkinder jährlich umgebracht wurden. Das zu ändern, war bald mein wichtigstes Ziel. Auf die Hilfe der Politik musste ich vorerst verzichten, meine Vorsprache bei einem ho-

Vorm Auslassen nach erfolgter Kastration

hen Politiker zu diesem Thema wurde nur belächelt. Wobei ich nach einem Jahr tief beeindruckt war, als der von mir zu diesem Thema angesprochene Politiker plötzlich im Büro stand und sich entschuldigte. Er wisse jetzt, dass die viel verbreitete Meinung, kastrierte Katzen würden keine Mäuse fangen, falsch sei, und bot sogar Hilfe an. Seine eigene Familie hatte gegen seinen Willen die Katze kastriert, von anschließender Faulheit beim Mäusefangen war nichts zu bemerken.

Bei einem Treffen im Gemeindeamt in Volders mit dem Amtstierarzt, zwei Bauern und dem damaligen Bürgermeister war ich wieder einmal fassungslos. Ich wollte gemeinsam mit einer Tierfreundin einen großen Katzenbestand in den Feldern beim Inn zur Kastration einfangen, es gab eine Frau, die das finanziert hätte. Die Bauern sahen das als eine Belästigung und der Bürgermeister erklärte, wie einfach es sei, die Katzenkinder umzubringen. Auf meinen Einwand, dass das verboten wäre, erklärte er nur,

"Inge Welzlg fängt Katze"

So sah ein Jugendlicher meine Kastrations-Aktivitäten

dass ihm das egal sei. Ein guter Bürgermeister müsse öfters gegen das Gesetz verstoßen.

Engagiert habe ich mich in dieser Angelegenheit weiterhin. Viele bei einem Tischler erzeugte Lebendfallen wurden im Laufe der Jahre durch mich persönlich angeschafft. Mein Rekord an Kastrationen erfolgte in Hochimst, wo an einem einzigen Wochenende 39 herrenlose Katzen eingefangen wurden. Mit einem kleinen Lieferwagen war ich mit einer zweiten ehrenamtlichen Tierfreundin im Dauereinsatz. Der von uns beauftragte Tierarzt kam an diesem Wochenende garantiert nicht ins Bett. Möglich wurde die Aktion durch die perfekte Vorbereitung eines alten Ehepaars, welches die Katzen normalerweise mit in Milch aufgelöstem Weißbrot fütterte. Damit waren für die beiden deren finanzielle Mittel erschöpft. Trotzdem waren die Katzen dankbar und kamen jeden

Morgen und Abend zur Fütterung. Sie einzufangen funktionierte dadurch, dass es einen Tag davor kein Futter gab und die Tiere hungrig in die Fallen mit leckerem Futter marschierten.

Am Anfang meiner Zeit im Verein gab es immer wieder Meldungen aus der Hühnerhaltung. Natürlich wollte ich mich schlau machen und fuhr nach Oberösterreich in einen Hühnerhof mit Bodenhaltung von 2000 Hennen. Ich war fassungslos und wollte nie mehr ein Ei essen. Um mitreden zu können, wollte ich zum Vergleich eine Hühnerbatterie erleben. Das war viel schwieriger, weil Tierschützer dort normalerweise Betretungsverbot hatten. Ich wusste, dass es im Tiroler Oberland eine gab. Ich schaffte den Besuch trotz des Misstrauens und wurde gebeten, mich langsam zu bewegen, um die Tiere nicht zu erschrecken. Auch wenn das niemand hören will, so war die Atmosphäre in dieser Anlage nicht so schrecklich wie bei der dichten Bodenhaltung. Hier waren die Tiere unverletzt und beim Durchgehen interessiert, aber nicht hektisch. Natürlich ist für mich ein Käfig immer ein Diebstahl von Freiheit. Die Gespräche mit der Besitzerin waren aber so gut, dass sie versprach, keine Hühner mehr zu übernehmen und die Anlage – viele Jahre vor dem gesetzlichen Verbot der Batteriehaltung – zu schließen, was nach meinem Besuch auch geschah.

Kleiner Auszug von vielen gelösten Einzelfällen

Es war schon deprimierend festzustellen, dass damals eine so wichtige Angelegenheit wie der Tierschutz vorwiegend negativ gesehen wurde, wobei das Wort alleine schon ablehnende Gesichter auslöste und sogar als Schimpfwort verwendet wurde. Eigentlich hätte ich auf zwei Seiten zugleich agieren müssen. Nämlich im Landhaus für die organisatorische Arbeit und im Tierheim Innsbruck-Mentlberg, wo sich Hermann, Roswitha und Annelies engagiert um tierische Arbeit bemühten. Medienkontakte gab es anfangs so gut wie keine, auch eine Betreuung der Mitglieder war nicht gegeben. So gründete ich als Erstes den Tierschutzkurier, der bald nach meinem Eintritt erscheinen konnte. Damit wurde registriert, dass es jetzt für Tierschutzangelegenheiten eine Ansprechpartnerin gab, die man rund um die Uhr erreichen konnte. Übers Festnetz daheim oder tagsüber im Büro, Handy hatte der Verein noch keines. Ein solches wäre besonders bei Fahrten am Berg hilfreich gewesen. Nicht nur einmal hatte ich mich verfahren und kam in die Dunkelheit. Abzweigungen waren kaum beschildert und wenn ich keine Möglichkeit fand, umzudrehen, musste ich schon mal im Auto übernachten. Im Finstern ein längeres Stück retour zu fahren war für mich unmöglich, denn ich fürchtete einen seitlichen Absturz. Ich bin froh, dass in kritischen Situationen nie etwas passiert ist.

In die Anfangszeit gehört mein indirekter Kontakt zu Hansi Hinterseer. Ich bekam die Meldung, dass in Kitzbühel dringend acht Katzen bei seiner Pflegemutter zu holen wären. Um den Tieren einen unnötigen, zusätzlichen Platzwechsel zu ersparen, wollte ich die Katzen jeweils erst dann holen, wenn ich bereits einen guten Platz für sie hatte. Nach der Besichtigung von zwei tollen Plätzen startete ich zur Abholung der ersten beiden Stubentiger. Ich war in der Wohnung der Pflegemutter von Hansi Hinterseer und wir setzten zwei Katzen in die mitgebrachten Körbe. Es dauerte nur wenige Tage, da bekam ich aus der Ordination einer Tierärztin die Nachricht eines verärgerten Hansi Hinterseer, dass ich seine Katzen gestohlen hätte! Wie diese Aussage entstanden ist, konnte ich nicht klären. Der normalerweise bodenständige Star wusste vermutlich nicht, dass ich nur die Bitte der Pflegemutter erfüllt hatte. Missverständnisse machen eben auch vor den Promis nicht halt.

Das Bild einer anderen Katzen-Fangaktion amüsiert mich noch heute. Eine alte Frau aus Innsbruck-Hötting war in ein Heim übersiedelt worden und das bereits leerstehende Haus in dem großen Garten sollte am nächsten Tag abgerissen werden. Da waren aber noch zwei Katzen, deren Schicksal mir zu Herzen ging. Ein Tierfreund aus Telfs kam gerade ins Tierheim. Nachdem seine Katze gestorben war, war er bereit, diese beiden Tiere aufzunehmen. Wir fuhren zu diesem alten, unversperrten Haus, um Petzi und Benni mitzunehmen. Es war schon dämmrig und die beiden Katzen wussten anscheinend, dass es ein einziges Möbelstück gab, das ihnen Schutz vor uns Einbrechern bot, nämlich ein großes, eingebautes Bett.

Wir hatten die beiden Tiere gefunden, lagen am Boden vor diesem Bett und sahen Petzi und Benni ganz hinten zusammengekauert sitzen. Unsere liebevollen und andauernden Lockversuche waren ihnen genauso gleichgültig wie das mitgebrachte Futter. Es war eine verrückte Situation. Da lagen zwei erwachsene Menschen, die sich kaum kannten, am Bauch vor einem Bett und unterhielten sich mit zwei störrischen Katzen. Nach fast einer Stunde gab Petzi auf, kam heraus und konnte in den Korb gesteckt werden. Bald danach kam auch Benni hervor und landete trotz seiner Fluchtversuche ebenfalls im Korb.

Ich hielt mit diesem Tierfreund einen losen Kontakt und viele Jahre später hatten wir einen weiteren Einsatz. In Telfs im Wald lebte seit Monaten eine dreifärbige, ursprünglich zutrauliche, inzwischen verwilderte Katze. Eine Überlebensmöglichkeit im Winter war kaum gegeben, wir wollten sie unbedingt einfangen.

Manuela von der privaten Katzenstation Oberland würde die Mieze nach tierärztlicher Untersuchung dann übernehmen. Zur Vorbereitung wurde von dem Tierfreund eine Wildtierkamera installiert. Die dunkle Schildpattkatze kam jeweils gegen 23 Uhr zur Futterstelle. Mit der Falle auf dem Rücken trafen wir uns etliche Tage am Waldrand und marschierten durch Dunkelheit und dichten Wald. Fast jede Nacht verloren wir irgendwo die Orientierung, meistens am Rückweg. Erst in der fünften Nacht ging uns die Katze in die Falle und wir brachten sie in mein Auto. Was nun? Es war Wochenende und den Tierarzt wollte ich um Mitternacht nicht anrufen. Noch weniger wollte ich Manuela mit der Katzenstation Oberland aus dem Bett holen, zumal zu ihrem Haus in Wenns eine etwas abenteuerliche Straße hinaufführt. Manuela ist eine der großartigsten Frauen, die ich kenne, und leistet so viel, dass ich ihr den Schlaf vergönnte, obwohl die Katze zu ihr sollte. Zu mir nach Hause ging es auch nicht, weil ich ja für meine beiden vierbeinigen Mitbewohner Bomber und Ria das offene Loch in der Terrassentüre habe. Bis zum Montag wollte ich die Katze aber nicht in der Falle lassen.

Um diese Zeit konnte ich nur Sonja anrufen, sie würde sicher noch wach sein. Ich fragte bei dieser lieben und großartigen alten Dame per Handy an, ob ich ein Zimmer bis Montag mit einer Katze belegen dürfte, und sie sagte, dass das kein Problem sei. Futter und Streu waren schnell von daheim mitgenommen, ich machte mir jetzt keine Gedanken mehr. Als ich am Montag die Katze holen wollte, traute ich meinen Ohren nicht. Sonja, die nur mit Hunden Erfahrung hatte, teilte mir mit, dass sie zwei schlaflose Nächte hinter sich hatte. Sie hatte die Katze aus dem Zimmer in die große Wohnung gelassen. Das plötzlich verschmuste Tier legte sich zu der ahnungslosen Hundefreundin ins Bett. „Ich habe nachts überhaupt nicht schlafen können. Sie hat mir die ganze

Zeit ins Ohr geschnurrt!" Die frischgebackene Katzenhalterin konnte ich davon überzeugen, es mit dem Tier wenigstens zu versuchen, bis ich einen Platz gefunden hätte. Noch ahnte ich nicht, dass ich kein neues Domizil suchen musste, denn die Katze wickelte die Hundefreundin in Windeseile um den Finger und lebt dort nun schon seit einigen Jahren. Inzwischen mit einer Katzenklappe, durch die sie fleißig Mäuse bringt und einen Dank dafür erwartet, was für die ehemalige Hundebesitzerin gewöhnungsbedürftig ist. Man muss schon tapfer sein, wenn eine Katze schnurrend ins Bett zum Schmusen kommt und darunter im Bettkasten mindestens eine Maus lärmt.

BRAUCHTUM OHNE TIERSCHUTZ

Schleicherlaufen und Hundewürste

Einige Monate nach Beginn meiner Tätigkeit für den Verein bekam ich Fotos ins Büro, die zeigten, dass beim traditionellen Schleicherlaufen in Telfs Hundefelle während des Umzugs aufgehängt und präsentiert wurden. Dazu bekam ich die Aussage, es würde Hundewurst angeboten. Der in die frühe Neuzeit zurückgehende Brauch von verkleideten Männern, die mit Schellen Tänze aufführen, wurde 1890 in einem festen Brauchtums-System niedergeschrieben und soll alle fünf Jahre stattfinden. Die 500 aktiven Teilnehmer begeistern inzwischen über 20.000 Besucher. Es gibt 14 verschiedene Gruppen, die selbstständig ihre Aufführungen vorbereiten. Die teilweise mit Gitter versehenen Masken kann man durch unterschiedliche Hüte unterscheiden. Besonders die Tänze faszinieren die Zuseher und geben das Gefühl echten Brauchtums. Die Ehrengäste müssen in Frack und Zylinder teilnehmen.

Mich interessierte kein Kostüm, nur die Herkunft des Fleisches der Laninger-Gruppe, wofür angeblich schon Wochen davor Hunde getötet und eingefroren wurden. Ich bin im Besitz eines Briefs des damaligen Bürgermeisters, der mich beruhigen wollte. Die Hunde würden „fachgerecht geschlachtet" und es gäbe daher keine Tierquälerei. Die Chefin der Laninger war eine Metzgerin, wobei das für mich ein wichtiger Beruf ist, denn der Metzger ist die Person, die dafür verantwortlich ist, ob ein Tier mit viel oder mit weniger Stress in den Tod geht. Dass diese Frau mich in einem Gespräch in die Schublade einer dummen Tierschützerin steckte, die man nicht unbedingt für voll nehmen muss, freute mich zwar nicht, war aber auch nicht überraschend.

Mein Aufschrei über die Medien führte dazu, dass man jetzt versuchte, mich lächerlich zu machen. Ich sei auf einen „Schmäh" hereingefallen. Also musste ich selbst die Wahrheit herausfinden. Alles was ich erfuhr, war, dass die fünfzehn Wagen im Dorf verteilt waren und man wochenlang davor abends darin beisammensaß. An einem Wochentag waren Besucher willkommen, die gegen Bezahlung sogar bewirtet wurden. Ein Insider hatte mir gesagt, wo der Laninger-Wagen zu finden sei, meinte aber gleichzeitig, dass es schrecklich für mich werden würde, wenn jemand der Gruppe in mir die Tierschützerin erkennen würde, auch wenn ich damals noch nicht bekannt war. Ich hoffte in Begleitung meiner beiden Kinder weniger aufzufallen, wobei die beiden bereit waren, beim „Kripo-Spielen" mitzumachen. Sie waren fünfzehn und sechzehn Jahre alt.

Wir fuhren also mit dem Auto von Innsbruck nach Telfs. Es schüttete seit Tagen und das gesamte Gelände war aufgeweicht. Trotzdem fanden wir im Finstern den Wagen. Anfangs zögerte ich anzuklopfen, wir kicherten unsicher, bis ich endlich mutig wurde und uns geöffnet wurde. Da saßen rechts um einen größeren Tisch etliche Männer, während in der anderen Ecke ein kleiner Tisch mit ein paar Stühlen stand, wo man sich ein Getränk bestellen konnte. Wir saßen dort eine Weile, von den Laningers vermutlich als doofe Besucher eingestuft. Mir war klar, dass ich in dieser Situation nie etwas erfahren würde.

Am Tisch der Männer stand in der Ecke eine Gitarre, die mich anlachte. Ich fragte die Männer, ob ich ein paar Salzburger Lieder spielten dürfte, was bereitwillig erlaubt und gutgeheißen wurde. Das war meine Chance. Ich holte mein großes Repertoire an unanständigen Liedern aus meiner Hüttenzeit hervor, die Männer kamen aus dem Lachen nicht mehr heraus, prosteten mir fleißig zu und sangen mit Vergnügen meine Refrains mit. Es dauerte nicht lange, bis ich erfuhr, dass es tatsächlich Hundewürste und Hundefleisch gab.

Ich hatte genug erfahren und spät fuhren wir nach Hause. Einige Wochen danach musste ich im Landhaus in Innsbruck in der Materialabteilung etwas holen. Da stand ich Auge in Auge einem Laninger gegenüber. Beide erschraken wir furchtbar, bis wir wieder Boden unter den Füßen hatten und zu lachen begannen. Es gab dann noch ein interessantes Gespräch, nämlich dass die Jüngeren dieser Brauchtumsgruppe bereits gegen das Töten von Hunden waren. Ich bekam die Versicherung, dass in der nächsten Veranstaltung in fünf Jahren auf diesen barbarischen Brauch verzichtet würde, was auch eingehalten wurde. Meine Androhung, den Brief des Bürgermeisters an die Medien zu geben, war für die Gegner der Hundewürste genug Unterstützung zur Abschaffung des unsinnigen Brauchtums. So freue ich mich heute alle fünf Jahre über diese so interessante und sehenswerte Brauchtumsveranstaltung ohne aufgehängtes Hundefell.

Widderstoßen

Inzwischen hatte ich ein neues Ziel: das Abstellen des Widderstoßens im Zillertal. Als ich mir dieses Gauderfest von fanatischen Tierbesitzern und ihren Widdern, welche bewusst aggressiv gemacht wurden, persönlich ansah, war mein eigener Kampfgeist geweckt. Das ganze Jahr über wurden die Böcke darauf trainiert, stark zu sein, denn es ging um hohe Preisgelder und die Ehre, den stärksten Widder im Stall zu haben. Dr. Helmut Pechlaner (ehemaliger Direktor des Schönbrunner Tiergartens und damals des Alpenzoos) hat einmal den Kopf eines toten Kampfwidders untersucht und über 120 Sprünge im Schädel festgestellt. Natürlich ist es richtig, dass Böcke auch in der Natur miteinander kämpfen, aber nicht so, dass sie bewusst von klein an dazu trainiert werden, sogar mit einer speziellen Ernährung. Dass vor dem Kampf Alkohol eine Rolle spielte, hat mit Natur nichts zu tun. Am meisten schockte mich das begeisterte Brüllen der Zuseher, wenn beim Zusammenprall die Köpfe der Widder krachten. Ich wäre gerne unerkannt geblieben, weil niemand meine Tränen sehen sollte, wurde aber gesehen und vom Platzsprecher spöttisch durch das Mikrofon begrüßt.

Geschichtlich gab es dieses Fest – früher auch mit Hahnenkämpfen und zeitweise sogar mit Kuhkämpfen – schon seit hunderten Jahren ohne irgendeine tierschützerische Regelung. Im Jahre 1981 wurde erstmalig das Beisein eines Tierarztes verlangt, was zu Diskussionen sowohl unter den Tierärzten als auch bei der Behörde führte. Auch andere Gemeinden hatten das Widderstoßen inzwischen als gute Einnahmequelle erkannt und wollten damit Urlauber anziehen. Die Widder wurden für die Kämpfe speziell gezüchtet, mussten oft bei einer Veranstaltung mehrere Kämpfe austragen und kamen sofort danach an einem anderen Ort zum Einsatz. Erste Vorschriften, mit dem Verbot, Tiere mit völlig verschiedenem Gewicht in den Kampf zu schicken, stellten keine gute Lösung dar. Der Ruf nach einem Verbot in den Medien wurde immer lauter und führte bereits zu Raufereien unter den Zuschauern. Verletzte Widder, unter ihnen sogar einer mit Genickbruch, waren nicht mehr zu verheimlichen. Man konnte nicht mehr von Brauchtum in Zell am Ziller reden, denn die Einsätze der Kampfwidder, das riesige Publikum, die laufenden Verletzungen und die Belustigung für betrunkene Zuschauer waren für jeden Tierfreund abstoßend.

Im Amt der Landesregierung fand ich offene Ohren in der Abteilung IIIa2. Dort hatte man in einem neuen Tierschutzgesetz von 1997 – damals das modernste Europas – Tierkämpfe verboten. Nur das Widderstoßen beim Gauderfest bekam auf Antrag bis 1999 eine Ausnahmegenehmigung. Danach wurden keine Genehmigungen mehr erteilt und damit diese Tierquälerei abgestellt.

Nachdem sich viele Einheimische mit dem Widderstoßen verbunden fühlten, war die Wut auf mich groß. Ich bekam viele mündliche und schriftliche Morddrohungen und wurde von Tierfreunden davor gewarnt, ins Zillertal zu fahren. Heute muss ich mich nicht mehr fürchten, denn die Organisatoren des Ersatz-Festes haben inzwischen ihre Besucher vervielfacht durch die geniale Idee, ein Trachtenfest auf die Beine zu stellen. Auch wenn man mir davor vorwurfsvoll gesagt hatte, dass für so etwas kaum jemand kommen würde, findet in Zell am Ziller inzwischen das größte Trachtenfest Österreichs mit einer großartigen Organisation statt, das jährlich über 20.000 Besucher anlockt.

Ohne Unterstützung aus der Landesregierung wären meine Bemühungen im Sande verlaufen. Die wichtigsten Dinge im Tierschutz wurden ohne großen Rummel aufgegriffen und erledigt. Es war in all den Jahren eine tolle Zusammenarbeit, geprägt von zukunftsorientierten Ideen, für welche manchmal die Zeit noch nicht reif war. Trotz der gemeinsamen Interessen dürfte ich öfters genervt haben, wenn mir irgendetwas zu langsam ging. In der erwähnten Abteilung IIIa2 im Landhaus gab es ein internes Abteilungsbuch, in dem besondere Vorkommnisse kommentiert wurden. Dort findet sich der Eintrag „Welzig am Morgen bringt Kummer und Sorgen". Später gab es noch eine andere Eintragung:

„Wenn Welzig kommt in aller Früh,
ist gleich die ganze Ruh perdü.
Sie ist ein echter Nimmersatt
und ständig ihre Wünsche hat.
Sie mault, dass es sei ein Schand',
dass im Tiroler Unterland
versprochen schon seit langer Zeit

Kontrolle durch die Obrigkeit.
Man lässt sie einfach ganz allein,
auch wenn sie da enttäuscht muss sein.
Drum Manda, es ist höchste Zeit,
für Kirchbichl, des is net weit.“
(Aus dem dortigen privaten, später aufgelösten Tierheim kamen besorgniserregende Informationen)

Singvogelfang

In die Zuständigkeit der Umweltschutzabteilung des Landes fiel der Singvogelfang, damals ein Hobby etlicher Tiroler. Einerseits zum „musikalischen“ Eigenbedarf, wobei die Singvögel meistens in kleinen Käfigen gehalten wurden, daneben gab es damit einen schwungvollen Handel. Nicht wegen des Handels, sondern wegen der Haltung war ich einmal in einer armseligen Stube in einem ebenso ärmlichen Haus am Berg. An der Decke hingen zwei Stieglitze in einem winzigen Käfig. Die beiden Männer sagten, dass sie kein Radio hätten, aber die beiden Vögel ihre schönste Musik seien. Ich hätte es nicht fertiggebracht, die Stieglitze sofort mitzunehmen und Anzeige zu erstatten. Also fuhr ich heim und brachte den beiden ein Kofferradio, dazu die nötigen Batterien. Sie freuten sich so sehr, dass es kein Problem war, die beiden Vögel mitzunehmen.

Viel schwieriger war ein Einsatz mit Gendarmerie und Beamten der Bezirkshauptmannschaft von Imst. Nassereith war eine Hochburg des Singvogelhandels. Dort gab es eine Anzeige gegen einen Mann, der eine sehr große Voliere voller Vögel hatte. Eine Besichtigung ohne Öffnung des hohen Eingangstores in den Garten war nicht möglich. Die Beschlagnahmung war bereits ausgesprochen, Amtstierarzt und zuständige Bezirksbeamte waren genauso vor Ort wie die Polizei und ich. Durch das Tor wurde mit dem Vogelhalter höflich diskutiert und versucht, friedlich auf das Grundstück zu kommen. Ein trotziges „Ich mach nicht auf" war auch nach langem gutem Zureden die einzige Antwort. Da standen wir also und beratschlagten, was man nun machen könnte, als plötzlich ein ungewöhnliches Klack-Klack-Klack ertönte. Und das fast hundert Mal. Der Besitzer der Voliere hatte die Käfigtüre geöffnet und die Vögel einfach fliegen lassen. Die meisten stürmten jubelnd in den Himmel, andere blieben am nächsten Baum sitzen. Dass etliche gegen Abend wieder zurückgekommen sind, beruht sicher auf einem Vertrauensverhältnis, das zum Vogelhalter aufgebaut war, der schließlich für die Fütterung sorgte und dessen Stimme den Vögeln vertraut war. Ich glaube nicht, dass der Handel damit sofort beendet war, aber zumindest war er so erschwert, dass mit der Zeit das Interesse geschwunden ist.

Tollwut

Viel mehr Sorgen hatte mir die Tollwut gemacht. Wenn ich heute jemanden danach frage, bekomme ich erstaunte Blicke, als würde ich von längst vergangener Zeit sprechen. Dabei ist das gar nicht so lange her und ich machte mir nach meiner Ankunft in Tirol besondere Gedanken, weil unser Haus auf der Nordseite des Inns lag. Südseitig des Inns gab es keine Beschränkungen mehr, aber für die andere Seite bestand für die Jäger das Gebot, alle freilaufenden Katzen zu erschießen. Zum Glück war das nicht so leicht, denn es bestand dabei die Gefährdung von Menschen im Wohngebiet. Es war für mich als Katzenliebhaberin ein Freudenfest, als erklärt wurde, dass es in Tirol keine Tollwut mehr gäbe, und diese Tötungsverordnung aufgehoben wurde. 2008 wurde ganz Österreich für tollwutfrei erklärt. Dass die erfolgten Maßnahmen durch Reduzierung des damaligen Fuchsbestandes zum Erfolg führten, war ungemein wichtig, denn diese Krankheit verläuft – einmal ausgebrochen – immer tödlich. In erster Linie geht der Erfolg auf das Auswerfen der Impfköder aus der Luft mit Hilfe von Flugzeugen zurück. Bei diesen Ködern handelte es sich um kleine Kapseln, die in eine anlockende Masse eingehüllt waren. Die Aktionen wurden zweimal im Jahr weitläufig inklusive Südtirol und Kärnten durchgeführt.

Es war ein Schweizer Wissenschaftler, der diese Köder entwickelt hatte. Die Tollwut war besonders gefährlich wegen ihrer langen Inkubationszeit von bis zu drei Monaten. Vom Menschen wurde der Impfstoff oft schlecht vertragen, ein Tierarzt in Tirol ist an den Folgen sogar gestorben. Wir können nur hoffen, dass die Tollwut nie mehr eingeschleppt wird und Hunde, die vom Urlaub aus osteuropäischen Ländern mitgebracht werden, dagegen geimpft sind, womit der Schutz gegeben ist.

Bei der EU in Brüssel

Eine Tierschützerin aus meiner frühen Zeit war mir mit Engagement und Wissen bereits weit voraus. Ich kam mit dieser Wienerin wegen der geplanten Taubenschläge zur Reduzierung dieser Vögel im Stadtbereich in Kontakt. Durch sie erfuhr ich von den Schlachtmethoden im Libanon, gegen die diese Tierschützerin etwas unternehmen wollte. Ich konnte nur Geld für einen Schlachtschussapparat sammeln. Diese großartige Frau (sie will nicht genannt werden) schaffte es tatsächlich, dass heute fast alle Schlachthöfe im Libanon mit Schussapparaten zur Schonung der Nutztiere arbeiten, was in der arabischen Welt nicht selbstverständlich ist.

Die Zusammenarbeit mit ihr begann 1997, als der Tierschutz bei uns wenig und in Ungarn gar keine Bedeutung hatte. Kettenhunde gab es in Ungarn jede Menge, auch in Tirol musste ich mich immer wieder damit befassen. Die Tierfreundin wollte einen Kettenhund mit eingewachsenem Halsband dem Besitzer abkaufen, der dies verweigerte. Es blieb daher nichts anderes als ein Diebstahl übrig. (Heute würde ein Amtstierarzt den Hund einfach beschlagnahmen.) Natürlich erst ab dem Moment, wo eine wirklich gute Unterbringung für den Hund gesichert war. Diesen Platz hatte ich bereits in Tirol, also konnte diese große Tierfreundin agieren.

Wieder war es Karin, die zum Treffpunkt der Übernahme von Wodan ins Salzkammergut fuhr. 1997 gab es in Salzburg am Walserberg noch strenge Grenzkontrollen, was beim Bemerken des Hundes sicher zu einem großen Problem geführt hätte. Um bei einer Kontrolle wenigstens behaupten zu können, man hätte den Impfpass nur irrtümlich vertauscht, hatte ich ihr den Pass meiner Katze Lilly mitgegeben. Der Hund muss geahnt haben, worum es ging, er verzichtete auf das Liegen auf der Rückbank und versteckte sich trotz seiner Größe im Zwischenraum der Rücksitze. Die Übergabe in Tirol löste bei allen Beteiligten Freude aus.

Es war ein überraschender Anruf von dieser Tierfreundin in Wien, der mich kurz aus der Fassung brachte. Sie hatte es geschafft, in Brüssel in der Zentrale der EU einen Termin beim damaligen EU-Kommissar Dr. Franz Fischler für zwei Personen zum Thema Nutztiere zu bekommen. Für diese Tiere gab es damals kaum einen Schutz gegen Tierquälerei. Weitere acht hochkompetente Fachleute sollten mit dabei sein. Da die Begleiterin für den Besuch in Brüssel soeben ausgefallen war, wurde mir angeboten, mitzukommen. Allerdings müsste ich mich sofort ins Auto setzen und zum Flughafen nach Wien brausen, was ich auch tat. (Geschwindigkeitsbeschränkungen waren damals noch nicht sehr streng.) In Wien stellte ich meinen Polo in das riesige Parkhaus und saß bald danach mit dieser Freundin im Flugzeug. Es war Nacht und unser Termin war bereits für acht Uhr früh festgelegt. Vor lauter Ehrfurcht konnte ich in den Räumen der EU kaum atmen und war froh, dass die fachlichen Tierschutz-Forderungen Sache der erfahrenen Tierschützerin waren. Sie hatte noch einen weiteren Termin, für den sie alleine vorgesehen war.

Mir war erzählt worden, dass die schlimmsten Dinge auf dem Pferdemarkt in Brüssel passieren. Das wollte ich natürlich fotografieren. Die Aussage, dass ich – sollte ich bemerkt werden – im Krankenhaus landen würde, hielt mich nicht zurück. Der Pferdemarkt war tatsächlich grauenhaft und ich kämpfte ständig mit den Tränen. Als ich sah, wie einer dieser Händler ein klappriges Pferd schlug, hatte ich nicht den Mut, einzugreifen, denn alle anwesenden Händler wirkten auf mich genauso brutal und lachten noch dazu. Was hätte ich schon bewirken können – nichts. Trotzdem kam ich mir feig vor und empfinde das noch heute so. Da hatte die Tierschützerin mit ihren Gesprächen auf höchster Ebene viel mehr erreicht, indem sie zum Nachdenken anregen konnte. Beim Rückflug sagte sie mir ihr weiteres Engagement zu und dass noch viele solche Gespräche nötig seien, um weiterzukommen. Das seien immer nur Tropfen auf den heißen Stein. Es waren aber große Tropfen, denn ihr Kampf hatte auch viele Jahre später Einfluss auf das Bundestierschutzgesetz.

Meine Ankunft in Wien mit Übermüdung hatte für mich noch eine Überraschung bereit: Im riesigen Parkhaus fand ich meinen Polo nicht. Bei den kleinen Parkhäusern in Tirol war es noch nie wichtig gewesen, sich ein Stockwerk und den Platz zu merken. Nach über einer Stunde Verzweiflung sprach mich eine Frau an. Sie wartete im Auto auf ihren Mann und hatte meine Irrwege beobachtet. Als ich auf mein Problem hinwies, meinte sie, ich würde vermutlich im falschen von mehreren gleichen Parkhäusern suchen, womit sie Recht hatte. Glücklich über das Auffinden meines Wagens hatte ich dann nach 48 Stunden ohne Schlaf noch genug Energie, um nach Tirol zurückzufahren. (Red Bull hatte bereits damit begonnen, Flügel zu verleihen.)

ERFAHRUNGEN AUS DER PRAXIS

Eine Forderung von Millionen Schilling

Fassungslos war ich über die gerichtliche Mitteilung, dass ich auf Schadenersatz von fünf Millionen Schilling geklagt würde. Und zwar von einem Obdachlosen, den ich sehr verärgert hatte. Er hatte seinen Dobermann auf bestimmte Kinder scharfgemacht und ich fürchtete die Folgen. Ich hatte bei der zuständigen Behörde immer wieder auf diesen Umstand hingewiesen und gestehe, dass ich den von mir so geschätzten Verantwortlichen des Strafamtes hartnäckig gequält habe, bis er die Abnahme aussprach. Der angezeigte Unterstandslose war alles andere als dumm und mit seiner Rache musste ich rechnen. Aufgrund seiner Mittellosigkeit bekam er eine kostenlose Rechtshilfe und konnte sich die Behauptung leisten, er hätte ein weltweites technisches Patent geplant, das durch mich mit der negativen Darstellung seiner Hundehaltung jetzt keinen Erfolg mehr haben könnte. Es dauerte fünf Jahre, bis ich endgültig freigesprochen wurde. Damit ich den Mann nicht vergessen würde, bekam ich von ihm regelmäßig Post geschickt, wobei ich gar nicht wiedergeben kann, was bereits außen am Briefumschlag geschrieben war. Eine Weihnachtskarte ist mir besonders in Erinnerung: Es wurde mir zum letzten Weihnachtsfest meines Lebens alles Gute gewünscht, ich solle beginnen, mein Grab zu schaufeln.

Eine andere Drohung bekam ich schriftlich und anonym. Wenn ich nicht auf alle Funktionen im Tierschutzverein verzichten würde – was ich bei einem Anwalt hinterlegen müsste –, würde mir Schlimmes passieren. Mein Tod wäre meine letzte Bekanntheit in den Medien. Ich habe auch diese Drohung überlebt, wie viele andere auch.

Karin und Piri

Natürlich gab es viele tolle Erlebnisse mit Happy End, besonders durch die Mithilfe von ehrenamtlichen Tierfreunden. Von Beginn an waren Michael aus Radfeld und Karin aus Innsbruck besonders engagiert dabei. Einmal fand die Polizei in einer Wohnung eine seit drei Wochen tote Frau, die von ihrem Hund gebissen worden war. Michael wusste, dass die Behörde das Einschläfern des Vierbeiners für den nächsten Tag verfügt hatte. Ich war von Anfang an davon überzeugt, dass die Frau von alleine gestorben war und der Hund zugebissen hatte, um sein Frauchen wach zu bekommen, beziehungsweise später aus Hunger. (Es bestätigte sich nach der Untersuchung, dass ein Kreislaufversagen die Todesursache gewesen war.) Nach dem, was der Hund in diesen drei Wochen mitgemacht haben musste, wollte ich ihn nicht sterben lassen. Es blieb nicht viel Zeit und nach vielen Telefonaten wurde der Züchter in Hamburg erreicht und war bereit, die Riesenschnauzer-Hündin Aika zurückzunehmen.

Karin und die ebenfalls ehrenamtliche Piri stimmten zu, sofort mit Aika loszufahren, um sich mit dem Züchter in Augsburg zu treffen. Das erste Hindernis im Schneesturm war die Grenzkontrolle durch Zöllner in Kufstein. Das Tierheim-Auto war mit Spikesreifen ausgestattet, die in Deutschland verboten waren. Es war für mich ein hartnäckiger telefonischer Kampf, damit ein Weiterfahren möglich wurde. In Augsburg erwischten Piri und Karin die falsche Abfahrt und kamen beim Umdrehen in einen ausgiebigen Stau. Ein Glück nur, dass der tapfere Züchter aus Hamburg das Warten nicht aufgab, sodass die Hündin mit stundenlanger Verspätung – damals auch ohne Hilfe durch ein Handy – übergeben werden konnte. Die Rückfahrt gestaltete sich aufgrund von Polizei-Kontrollen in Deutschland wegen der Spikes eher schwierig, sodass Karin und Piri die Autobahn verlassen mussten und über die Landstraßen wieder nach Tirol kamen. Dabei haben mich die beiden immer wieder verwünscht. Ich hatte ihnen eine Straßenkarte mitgegeben, die so veraltet war, dass sich die beiden einige Male verfuhren. Das Happy End war später die Rückmeldung, dass Aika die schlimmen drei Wochen gut überstanden hatte und sich sofort wie ein liebevoller, glücklicher Kuschelhund benahm.

Zips

Mit Karin und Piri hatte ich noch ein weiteres Erlebnis vor mir. Der Behörde und uns war bekannt, dass in der Tierhandlung Zips in Innsbruck schreckliche Verhältnisse herrschten. Einen Tag vor Weihnachten wurde die gesamte Tierhandlung beschlagnahmt und die Verantwortung mir übergeben. Ohne Karin und Piri hätte ich die erste Putzarbeit nie geschafft. Die Luft dort war so durch Milben, Staub und gesundheitsschädliche Mikrolebewesen verseucht, dass Piri schlimme Atemzustände bekam und ins Krankenhaus in die Intensivstation kam. Karin fiel zwei Tage später ebenfalls mit Atemproblemen aus.

Mein größtes Problem war meine Ahnungslosigkeit in Bezug auf die Versorgung der über 50 Aquarien. Auch hier gab es schnell Unterstützung durch einen auf diese Tiere spezialisierten Verein. Ich selbst war mit den Fischen völlig überfordert. Erst nach drei Monaten waren alle Tiere untergebracht. Nur die unerwünschten Ratten im Lager waren noch da. Wie sich später herausstellte, waren es ungefähr hundert. Im Futterlager war es sehr dunkel, ich konnte aber doch Farbunterschiede bei den scheu herumsausenden Ratten erkennen. Anfangs fürchtete ich mich furchtbar und erschrak jedes Mal, wenn ständig irgendwo etwas hinunterfiel. Nach einer Gewöhnungsphase wollte ich wenigstens einige Tiere fangen und setzte mich auf die Stufen in dem etwas tiefer gelegenen Raum. Rechts und links flitzten diese Ratten, die nie ein Tageslicht gesehen hatten, an mir vorbei, auch mal über mich drüber. Trotz meiner Versuche konnte ich keine fangen. Stattdessen stellte ich fest, dass die Stadtverwaltung eine großartige Möglichkeit für den Tourismus versäumt hat. Junge Leute brauchen oft einen Kick, um sich selbst ihren Mut zu beweisen. Für gute Bezahlung hätte man sie bei völliger Dunkelheit zu den Ratten ins Lager setzen können – nach zehn Minuten wäre der Stresszustand der weltbesten Geisterbahn gegeben gewesen. Aber mich hat ja niemand gefragt, wie man den Fremdenverkehr ankurbeln kann. Jedenfalls wurde die ganze Tierhandlung abgerissen.

Ungewöhnliche Tier-Erlebnisse

Bewegend war das Wiedersehen eines Hundebesitzers mit seinem Vierbeiner, der auf der Autobahnraststätte in Innsbruck-Ampass unbemerkt entwischt war. Das Ehepaar vermutete seinen Liebling schlafend im Heck. Diesmal war es nicht das Telefon, das die Situation rettete, sondern bereits das Internet, aber noch nicht über das Registrieren per Chip. In Italien gab es damals eine Plattform, die sich nur mit entlaufenen Tieren befasste. Nach drei Tagen meldete sich der Besitzer und war hochbeglückt über die Information, dass seine Hündin im Tierheim Mentlberg saß. Er setzte sich ins Auto und fuhr von seinem Heimatort bis zu uns hin und zurück insgesamt 1600 Kilometer. In Innsbruck gab es eine unvorstellbare Freudenszene auf beiden Seiten.

Ich im neuen Affenkäfig

Gebetet habe ich, als ich wegen einer Kontrolle nach der Vergiftung eines Pferdes zu einem kleinen Bergbauern im Oberland sollte. Es war Winter und die einspurige Straße mit nur wenigen Ausweichen war zwar geräumt, aber mit einer dünnen Schneeschicht bedeckt. Ich hätte eigentlich meine Ketten anlegen müssen, hatte das aber bisher noch nie im Steilen gemacht und traute ich es mir daher nicht zu. Irgendwann kam ich ins Rutschen und blieb mit einem Rad im verfestigten Schnee am Straßenrand stecken. Die Verzweiflung brachte mich auch nicht weiter, ich musste nur hoffen, wenigstens auf der richtigen Straße zu sein. Eine halbe Stunde brauchte ich, um zu Fuß bergauf das erste Haus zu erreichen. Die Hilfsbereitschaft war umwerfend. Ich war noch nicht an dem Hof, zu dem ich eigentlich wollte, aber eine Rettungsaktion für mich wurde sofort gestartet. Mit dem Traktor, für den die Schneemenge kein Problem war, ging es hinunter zu meinem

Vom finsteren Zirkuswagen in helle Räume

Auto. Dort wurde der Traktor umgedreht und fuhr rückwärts vor meinen Wagen, um ihn dann anzuhängen und hinaufzuziehen. Jedenfalls wirbelte die Sache viel Staub auf und der Verursacher der Vergiftungen wurde zwar nicht gefasst, trat aber nie wieder in Erscheinung.

Auf einer anderen Fahrt nach Wien hatte ich mit zwei Affen besondere „Gäste" in meinem Auto, was meine Kinder zu der spitzen Bemerkung veranlasste, dass jetzt drei Affen nach Wien fahren würden. Ich hatte die Besitzer von einem kleinen Wanderzirkus gebeten, mit mir über die beiden Affen „Seppl" und „Weibi" zu reden, die dort leider sehr armselig untergebracht waren. Irgendwann konnte ich das Misstrauen durchbrechen und wir diskutierten lange über die beiden Tiere, die im Zirkus aufgewachsen waren. „Weil Sie die erste Tierschützerin sind, die mit

Unfreiwilliger Stopp in Tirol

uns höflich redet, bekommen Sie die Tiere, falls Sie einen besseren Platz finden", war schlussendlich die Antwort meiner Gesprächspartner. Genau das gelang mir aber trotz aller Telefonate durch ganz Europa aber vorerst nicht. Schlussendlich war das Glück dann doch auf meiner Seite, da gerade eine Woche später das neue Wiener Tierschutzhaus eröffnet werden sollte. Man bot mir eine helle Gehege-Anlage an. Der Zirkus war noch da, sodass der Amtstierarzt Seppl und Weibi betäubte und die beiden in je eine große Box gegeben wurden. Glücklich startete ich und kam problemlos in Wien an. Im Vorbeifahren an Linz war der Spruch „in Linz stinkts" für mich zur Realität geworden, weil beide Affen gleichzeitig ihren Darm entleerten.

Als ich mich bei den Zirkusleuten meldete, die beim Start noch Tränen in den Augen gehabt hatten, freuten diese sich herzlich für ihr beiden Affen. Weil jetzt der Käfigwagen nutzlos war, wurde mir mitgeteilt, dass ich auch für dessen Entsorgung verantwortlich wäre. Praktischerweise hatte ich die Idee, den Wagen dem Tierheim Reutte als Lager hinter den Gehegen zu spenden. Ein Bauer bot sich an, damit nach Reutte zu fahren.

Nie im Leben wäre ich auf die Idee gekommen, dass er die Fahrt von insgesamt zweihundert Kilometern mit seinem Traktor plante. Ich möchte nicht wissen, wie viele Autofahrer ihn besonders am Fernpass verwünscht haben.

Eine andere Exoten-Geschichte betraf einen Löwen und einen Tiger. Sie waren im Besitz von Ludmilla aus Russland, die mit ihnen in Zirkussen auftrat. Die prachtvollen Tiere wurden von ihr aufgezogen, hingen zärtlich aneinander und liebten die Auftritte mit Ludmilla. Der Käfig war ein sehr langer, spezieller Anhänger und wurde von einer Zugmaschine gezogen, wobei die Artistin

Ein „Raubtier" aus Verzweiflung wegen dieser Haltung im Keller. Diesen Hund nahm ich mit Hilfe einer Tierfreundin gleich mit.

am Steuer saß. Ludmilla lebte in einem kleinen Wohnwagen, der sich zusätzlich auf dem Anhänger befand. Die zarte Frau besaß sonst nichts und genau auf der Europabrücke gab der Motor seinen Geist auf und wurde dann von einem hilfreichen LKW-Fahrer auf den direkt anschließenden Parkplatz gezogen.

Nach den ersten Informationen fuhr ich erst einmal mit frischem Fleisch zur verzweifelten Ludmilla und ihren Lieblingen. Das Transportunternehmen Auer aus Matrei am Brenner schleppte später das liegengebliebene Fahrzeug samt Anhänger auf sein Betriebsgelände. Die Reifen des Auflegers waren in so schlimmem Zustand, dass bereits das Metall zu sehen war, die Firma spendierte neue. Die Zugmaschine konnte allerdings nur noch verschrottet werden. Ludmilla war unterwegs nach Griechenland, wo sie pro Auftritt im Zirkus 250,- Euro bekommen sollte, was für Futter und Benzin einige Zeit reichen würde. Bloß – wie termingerecht hinkommen? Der Firmenchef der Firma Auer beauftragte den Mitarbeiter Karl, mit einer Zugmaschine des Unternehmens nach Italien bis zur Fähre zu fahren und trug dafür die Kosten. Ein Dank von Ludmilla und die Mitteilung, dass alles noch geklappt hatte, kam später per Post.

Eine alte Frau überrumpelt mich

Im Alter von 93 Jahren kam die mir gut bekannte Frau Auer, ein Mitglied des Vereins, ins Tierheim und wollte einen sieben Jahre alten Schäferhund haben. Die Frau lebte alleine und hatte keine Betreuer. Beim besten Willen konnte ich der alten Frau den Wunsch nach diesem Hund nicht erfüllen. Vier Tage später fuhr sie mit dem Taxi zum Tierheim und kontrollierte erst, ob mein Auto da war. Erleichtert marschierte Frau Auer hoch erhobenen

Hauptes bei der Eingangstüre hinein und sagte zur anwesenden Mitarbeiterin: „Ich bin 70 Jahre alt und bin für die Senta aus dem oberen Gehege vorgemerkt."

Das Alter wurde ihr geglaubt und sie fuhr danach tatsächlich im Taxi mitsamt dem Hund nach Hause. Nach zwei Jahren brach sich die Frau den Arm und konnte weder sich selbst noch ihre Hündin Senta versorgen. Erika, eine Freundin von mir, nahm Frau Auer bis zur Abnahme des Gipses bei sich auf, Senta sollte nach Südtirol auf einen Pensionsplatz gebracht werden. Das Mitleid von Erika führte zu einer mittleren Katastrophe, denn sie erklärte sich bereit, auch den Hund für die Zeit, in der der Arm der alten Frau eingegipst war, aufzunehmen, obwohl sie so viele Katzen hatte. Erika wusste nicht, dass für Senta Katzen nur zum Jagen und Beißen da waren. Chaos pur war angesagt. Für die Hündin wurde in der Wohnung ein großer Käfig gebaut. Irgendwann kapierte Senta, dass ein Gesinnungswandel gegenüber Katzen die einzige Chance war, beim Frauchen bleiben zu können. Mit der Zeit zog Friede ein und Frau Auer mit Hund blieb bei Erika.

Als Frau Auer hundert Jahre alt war, starb die Hündin an Altersschwäche. Fünf Jahre später starb auch Frau Auer mit 105 Jahren und es war meine Aufgabe, in der Kirche eine Rede zu halten. Es wurde keine Trauerrede, sondern ein Rückblick auf ein Leben, das 1908 begonnen hatte. Als die Frau im Alter von 20 Jahren ihren späteren Ehemann kennenlernte, hatte sie nach einem Kuss auf einer Bank nur eine Sorge: War sie davon jetzt schwanger? Oft kann ich es nicht fassen, dass zwischen dieser Zeit und heute nicht viel mehr als hundert Jahre liegen, es kommt mir eher vor wie im Mittelalter.

Schneesturm in Radfeld

Ein besonderes Erlebnis verdankte ich einem Anruf von Spaziergängern, die in Radfeld eine bedrückende Beobachtung gemacht hatten. Aus einem einsam dastehenden Bauernhaus mit großer Sommerweide waren alle Tiere in ihren Winterstall gebracht worden. Die Katzenmutter kannte die Straße in den heimatlichen Stall und machte sich mit ihren sechs Wochen alten Kätzchen alleine auf den Weg dorthin. Ein blindes Junges aus dem Wurf blieb zurück, ob von der Mutter beabsichtigt oder im Stress übersehen, blieb offen, jedenfalls bemerkten Spaziergänger das hilflose Tierchen.

Ich fuhr los, ein Wettersturz hatte mir schon auf der Autobahn Sorge gemacht. Trotzdem fand ich den großen Bauernhof. Der

Wind wehte den Schnee fast waagrecht daher und ich lief immer wieder frierend und rufend um das Haus und den Stall. Wie sollte ich in diesem Sturm das Kätzchen finden, das sich sicher ängstlich irgendwo versteckt hatte? Nach über einer Stunde gab ich auf und ging zum Auto, das auf der Straße stand. Da kam mir am Asphalt mitten im Schneegestöber schreiend der Katzenzwerg entgegen. Ich habe Mini gleich erwischt und ihr im Auto die mitgebrachte Katzenmilch eingegeben. Dass Mini während der Fahrt in meinem Pullover einschlief, war berührend. Wegen der nicht verschließbaren Hundeklappe in meiner Eingangstüre konnte ich das Kätzchen nicht behalten. Mein Glück war eine tierliebende Nachbarin, die bereits eine erwachsene Katze besaß und bereit war, das blinde Katzenkind dazuzunehmen. Mini fühlte sich in ihrem neuen Daheim sofort pudelwohl, auch wenn sie der großen Katze anfangs viel zu wild war. Ständig peilte Mini nach Gehör die Position der älteren Katze an und sauste dorthin, sprang kurz auf die Katze und flitzte dann unters Bett, wo nur sie Platz hatte. Es dauerte einige Zeit, bis zwischen den beiden eine Freundschaft entstand.

Ein Hund will nicht aus dem Auto

Eine im Rückblick besonders köstliche Geschichte wurde durch einen Anruf aus dem Stubaital ausgelöst. Ein Hund würde auf der Straße herumirren und völlig orientierungslos wirken. Es war ungefähr neunzehn Uhr und ein junges, ehrenamtliches Paar, das gerade im Tierheim war, erklärte sich bereit, mit seinem relativ großen Auto den Hund zu holen. Gegen zwanzig Uhr waren sie zurück und wir wollten den Hund, der problemlos in den Laderaum hineingesprungen war, wieder herausholen. Das wollte das Tier nicht, knurrte und fletschte aggressiv die Zähne. Na, wir würden das Problem schon lösen und ließen das Auto rückwärts Richtung Gehege fahren. Heckklappe auf und schon würde der Hund herausspringen. Irrtum. Er wurde bei dieser Forderung immer wütender. Die beiden Ehrenamtlichen wurden nervös, denn sie brauchten dringend ihr Auto – ohne Hund. Einen Besuch im Krankenhaus mit Bissverletzungen wollten wir trotzdem nicht riskieren.

Ich musste einen Tierarzt mit Blasrohr zum Betäuben auftreiben. Ein solches sollte doch im Alpenzoo vorhanden sein. Der zuständige Tierarzt war damals noch Dr. Teuchner, einer der tollsten Tierärzte Tirols. Wie immer war er erreichbar und bereit, die Aufgabe zu übernehmen. Allerdings habe er etwas zu feiern gehabt und Rotwein getrunken, erzählte er mir, könne daher nicht fahren und müsste in Natters in seinem abgelegenen Haus abgeholt werden, was ich gleich zusagte. Gleichzeitig sollte der Verwahrer des Schlüssels für das Blasrohr, der verantwortliche Zoologe Dirk Ulrich, zum Alpenzoo kommen. Auch diesen Mann, der in Thaur bei Hall wohnt, konnte ich erreichen. Er würde gerne zum Zoo fahren, nur müsse man ihn holen, weil daheim gerade eine Feier stattfand und er mit Alkohol nicht ins Auto einsteigen würde.

Ich fuhr also Richtung Süden nach Natters zu Dr. Teuchner, mit ihm Richtung Osten nach Thaur, um den Schlüssel zu holen und dann nach Westen in den Alpenzoo. Im Tierheim war der sich immer noch wie ein Raubtier gegen ein Verlassen des Autos gebärdende Hund schnell narkotisiert und in eine Box getragen. Bis Dr. Teuchner wieder nach Hause kam, war es weit nach Mitternacht. Die absolute Undankbarkeit dieses Tieres erlebten wir am nächsten Tag: Als der Besitzer kam, sprang der Jagdhund fröhlich an ihm empor und verließ schwanzwedelnd das Tierheim.

216

Tiertransporte und Fahrten zur Beobachtung

Ein ganz großes Problem in der Zeit bis über die Jahrtausendwende waren die zahlreichen Tiertransporte mit vergammelten LKWs, die das vorgeschriebene Ausstattungsniveau nicht einmal annähernd erreichen konnten. Kontrollen gab es kaum, die wurden gerade in Tirol aufgebaut und waren schwierig, weil für die nötigen Beobachtungen im Verkehr niemand da war. Diese übernahm ich dann sehr erfolgreich mit einem kleinen Team, an dem vor allem der bereits bekannte Münchner Tierschützer Herbert Wittmann beteiligt war. Sein und mein Autokennzeichen waren bei den Transporteuren bereits bekannt und verhasst.

Mein Polo sollte zwischen München und Rosenheim während der Fahrt von zwei Tiertransportern absichtlich beschädigt werden, was ich nur dank höchster Konzentration verhindern konnte. Dem Auto von Herbert Wittmann wurden in Tirol bei einer unserer gemeinsamen Aktionen auf einer Raststätte die Bremsschläuche durchschnitten. Dank einer tollen Reaktion bei der Abfahrt Hall Mitte konnte Herbert einen schweren Unfall verhindern.

Viele nächtliche Beobachtungen zum Zweck der Weitergabe der Fahrzeugdaten an die behördlichen Kontrolleure fanden am Parkplatz nach der Europa-Brücke statt. Erkannte ich in der Dunkelheit das Vorbeifahren eines Tiertransporters, so meldete ich diesen per Handy der Behörde, die am Brenner auf Abruf bereitstand. Die LKW-Fahrer waren sehr verwundert, dass sie am Grenzübergang kontrolliert wurden, wo sie doch normalerweise ganz Europa ohne Schwierigkeiten durchquerten. Wir waren einfach ein gutes Team für die „Spitzelarbeit" – Michael, Karin, Claudia, Caro und ich.

Transporte ohne mindeste Einhaltung der Vorschriften

Wenn ich heute einen Tiertransporter sehe, denke ich bedrückt vor allem daran, dass viele Nutztiere vor dem Aufladen auf den LKW im Stall noch schlimmer gestanden sind. Für den Transporter selbst gibt es inzwischen strenge Vorschriften: Tränken, Einstreu, Klimaanlage und oft mehr Bewegungsfreiheit als im Stall davor. Über 10.000 Kilometer bin ich bei verschiedenen Tiertransporten mitgefahren. Das Schlimmste für die Tiere ist immer das Aufladen und das Abladen. Da kommt die Angst der Tiere voll zum Tragen. Während der Fahrt entsteht durch die Gruppe eine Beruhigung, die bei jedem Stehenbleiben wieder gestört wird. Ganz schlimm ist dann das Abladen. Wenigstens ist mir bis heute der Besuch in einem Schlachthaus erspart geblieben. Dass mir Fleisch nicht schmeckt, liegt auf der Hand, ich weiß einfach zu viel.

Fohlentransport – ich wurde ausgesetzt

In „Tirol heute" wurde 1995 gezeigt, wie armselig männliche Fohlen aus Ebbs bei Kufstein vom Zuchtverband zum Schlachten in den Süden Italiens mit der Bahn geschickt wurden. Ich hatte von Pferdezucht keine blasse Ahnung, zeigte mich betroffen und wurde von einem Züchter gefragt, ob ich nicht einen Platz für sein Fohlen wüsste, damit es nicht geschlachtet würde. Das klappte sofort und gleich darauf meldeten sich weitere sechs Bauern. In meiner regelmäßigen Radiosendung bat ich um Hinweise für weitere Plätze, was auch gelang. Ich zahlte den Fleischpreis an den Bauern und holte mir das Geld vom Fohlen-Liebhaber zurück. Im Jahr darauf brach die Hölle los. Durch die Medienberichte wurde vielen Züchtern zum ersten Mal bewusst, dass ihre Fohlen in Bari alles andere als liebevoll empfangen wurden, weil dort die

Verwendung von Elektroschockern normal war. In kürzester Zeit wollten viele Züchter durch mich für ihre Fohlen einen Platz, wo ihre jeweils drei Jahre alten Hengste weiterleben konnten.

Ich habe alle erreichbaren Tierschutzvereine in Deutschland, der Schweiz und Frankreich kontaktiert, ob sie nicht Fohlen zum Fleischpreis kaufen und an gute Plätze weitergeben würden, um die Tiere am Leben lassen zu können. Irgendwie schaffte ich es, dass ich durch Vereine für 600 Fohlen Plätze fand. Die Transporte erfolgten mit dem LKW des Zuchtverbands für jeweils 40 Pferde, die Transportkosten wurden von mir aufgetrieben. Zwei Transporte werden mir ewig in Erinnerung bleiben:

Zwanzig Fohlen gingen an einen Tierschutzverein am Bodensee und wurden dort abgeladen, mit den übrigen zwanzig Tieren ging es weiter zu einem Verein in Frankreich nahe dem Dreiländereck Schweiz/Frankreich/Deutschland. Die Fahrt sollte erst durch Deutschland und dann kurz durch die Schweiz gehen, wo uns am ersten Autobahn-Rastplatz ein Lotse erwarten würde. Daraus wurde nichts, weil der Transporter nach Schweizer Vorschriften insgesamt zu lang war, vor der Grenze angehalten wurde und nicht einreisen durfte. Um den Lotsen zu finden, fuhr ich per Autostopp über die Grenze, wo ich ihn nicht fand. Dagegen hatten die beiden Fahrer inzwischen eine Möglichkeit gefunden, auf einem anderen Weg zum Abladeplatz der Fohlen zu finden. Ich fuhr per Autostopp zurück, fand niemanden mehr und stoppte noch einmal Richtung Schweiz, in der Hoffnung, den Lotsen doch noch zu finden.

Inzwischen war es dämmrig und kühl geworden, ich hatte weder Jacke noch Geld bei mir, nur den Pass. Irgendwie erfuhr ich, dass der Transporter am richtigen Platz war, zehn Minuten weit weg von einer französischen Polizeistation. Ein hilfreicher Schweizer Polizist nahm mit seinen französischen Kollegen telefonischen Kontakt auf und bat, die Fahrer zu informieren, wo ich mich inzwischen befand, um mich dann auf der deutschen Seite aufzunehmen. Es gab eine klare Antwort: „Heute streikt die Polizei in Frankreich und wir machen nichts." Jetzt wusste ich, dass ich mir selbst helfen musste, und zwar per Autostopp über die Schweiz nach Tirol. Das klappte einigermaßen, in der zweiten Hälfte war ein norwegisches Paar um mich besorgt und lieh mir sogar einen Pullover, den ich später zurückschickte. In Klösterle wollte niemand anhalten, da erbarmte sich ein Beamter, hielt die Zugmaschine eines Fahrers aus Kärnten auf und um acht Uhr saß ich im Alten Landhaus im Büro.

Nicht so glücklich endete ein Transport von vierzig Fohlen nach Schleswig-Holstein. Eine große Pferdefreundin hatte alles perfekt organisiert. Wir waren fast am Ziel, als wir zufällig eine Radiomeldung über unseren Transport hörten. Züchter aus dem Hamburger Raum wollten das Abladen der Pferde verhindern und hatten eine Demonstration organisiert, damit wir unverrichteter Dinge wieder nach Tirol fahren müssten. Unsere Tierschützerin erreichte eine Notlösung und wir wurden zu einem riesigen Stall gelotst, wo zwei Drittel der Fohlen großartig untergebracht wurden. Die restlichen kamen auf eine Wiese mit provisorischen Zelten und es tut mir heute noch weh, dass mehrere Fohlen durch die kalte Nacht Husten bekamen. Ich kann nur hoffen, dass sie alle wieder gesund wurden.

Einmal war ich mit einem einzelnen Fohlen, das zu einer Haflingerstute auf einen Hof nach Wattenberg kommen sollte, unterwegs, als mein PKW streikte. Der Pannenfahrer vom ÖAMTC, der die Weiterfahrt übernahm, erinnert sich heute noch schmunzelnd daran. Ich selbst hatte kaum noch Nerven, weil das Foh-

Hilfe, nachdem mein Auto streikte

len durch das Stehenbleiben in der Steigung so stampfte, dass ich ständig Angst hatte, der Anhänger würde kippen. Die anschließende liebevolle Begrüßung des Neuankömmlings am Hof durch die Stute entschädigte mich für meinen Stress.

Was diese Transporte erreicht haben, ist die Aufrüttelung der Bauern über das Ende ihrer ursprünglich liebevoll aufgezogenen Fohlen. Mir kamen Tränen der Rührung, als sich viele Vereine aus dem Oberland bei mir bedankten und mitteilten, dass sie in Zukunft am Hof schlachten würden und kein Fohlen mehr zum Transport nach Bari ginge. Auf jeden Fall hat sich bei den Transporten viel verändert, sie wurden auch nie mehr per Bahn verschickt. Wobei mich die Dankesschreiben von den Haflinger-Züchtern selbst am meisten gefreut haben. Ebenso wie jene von neuen Besitzern wie folgender:

Freundliche Begrüßung des Fohlens nach der verzögerten Ankunft am Berg

„Ich möchte mich für die zwei Haflinger-Spitzbuben aus der Rettungsaktion herzlich bedanken. Bis jetzt haben wir nur Freude an den beiden. Einer der beiden Lauser ist als Freizeitpferd später für die Enkelin gedacht, das andere Schmusetier für mich zum Kutschenfahren."

Polizei und Einbruch

Bei der Polizei war man auf mich gut zu sprechen, man wusste ja, dass ich bei jedem auftretenden Problem – auch nachts – geholt werden konnte. Darum kamen die Polizisten bei Bedarf auch mir zu Hilfe. Über einen nächtlichen Einsatz in Telfs wurde lange geschmunzelt. Ich hatte einen Hinweis auf einen Hund bekommen, der bereits eine Woche lang in einem Schuppen ohne Fenster eingesperrt war; der Besitzer war nicht erreichbar. Die Beschlagnahmung in solchen Fällen durch Amtstierärzte war damals kaum üblich. Jedenfalls hatte ich im Tierheim einen Platz für diesen Vierbeiner vorbereiten lassen. Ich ging davor, ohne zu zögern, zur Polizeistation und bot den überraschten Beamten an, mit mir zu kommen, falls sie Lust hätten, denn ich würde jetzt einbrechen gehen. Man hatte zu mir genug Vertrauen, mich die Angelegenheit alleine erledigen zu lassen. Dass ich gerade nicht zu bremsen war, war sowieso ersichtlich.

Spontane Tierschützerinnen

Mit Schmunzeln denke ich an einen anderen Vorfall mit der Dobermannhündin Kleopatra. Eine schwer drogenkranke Münchnerin wollte ihren Hund im Tierheim abgeben, entschied sich aber dann anders. Ich hatte den Amtstierarzt schon informiert, dass man dieser Frau das Tier nicht lassen konnte, sie besaß nicht einmal eine Leine. Immer wieder war der Vierbeiner alleine unterwegs und jagte besonders Müttern mit Kindern einen Schreck ein. Gemeinsam mit der damals für die Hunde zuständigen Claudia Fuchs – genannt Fuchsi – wartete ich auf weitere Hinweise aus der Innsbrucker Bevölkerung, jedoch kamen wir immer zu spät.

Am Nachmittag wurde „Fuchsi" im Tierheim von einem Hund ohne Vorwarnung gebissen und hatte eine tiefe Fleischwunde am Oberschenkel, was davor noch nie passiert war. Ich fuhr mit ihr in die Klinik, wo die Wunde erst einmal verschlossen wurde. Wir sollten noch etwas warten, weshalb mich meine Mitarbeiterin bearbeitete, meine große, dicke Zehe anschauen zu lassen. Auf die war am Vortag ein Computer alter Bauart gefallen. Die Zehe wurde geröntgt und ein Bruch aufgezeigt, weshalb ich einen Gipsschuh bekam. In diesem Moment kam ein Anruf, dass der Dobermann im Ortsteil Saggen gesehen worden war. Wir sprangen beide auf und humpelten davon. Zwei Stunden lang, bis zur Dunkelheit, fuhren wir herum, den Hund fanden wir nicht. Inzwischen waren die Schmerzen bei Claudia stärker geworden, sodass wir wieder in die Klinik fuhren und beide fertig verarztet wurden. Auch wenn in der Ambulanz die Köpfe über uns zwei verrückte Tierschützerinnen geschüttelt wurden, in die Psychiatrie ließ man uns erfreulicherweise nicht überstellen.

Nicht viel vernünftiger muss der Eindruck von mir und einer weiteren Hundebesitzerin am Achensee gewesen sein. Ich musste bei der Einfahrt in eine Hauptstraße bremsen, woraufhin mir eine andere Autofahrerin von hinten aufs Auto krachte. Bei meinem Polo war der Schaden nicht groß, beim Auto der Gegnerin war aber die Vorderachse gebrochen. Ein Mann half uns, den nicht mehr fahrtüchtigen Wagen auf die Seite zu schieben. Uns beide beschäftigte momentan mehr, wie es unseren Hunden nach dem Aufprall ging, denn jede hatte einen am Rücksitz. Wir beschlossen, zu unserer allgemeinen Beruhigung gemeinsam mit den Hunden in ein Café zu fahren, dort das Unfallformular auszufüllen und den ÖAMTC zu verständigen. Mein Auto war ja noch fahrtüchtig. Im Lokal bemerkten wir schnell, dass wir uns auf einer Wellenlänge befanden, und vergaßen eine volle Stunde lang, warum wir eigentlich hier waren. Irgendwann erinnerten wir uns daran und verständigten den Abschleppdienst. Für mich hatte der Vorfall eine tolle Nebenwirkung: Seit fast einem Jahr hatte ich den Kopf nicht gut drehen können, weil ich bei einem Einsatz von der Seite einen Schlag bekommen hatte. Durch das auffahrende Auto wurde mein Kopf nach vorne geschleudert und jetzt war alles wieder eingerenkt. Eine ungewöhnliche, aber erfolgreiche Therapie.

TIERHEIMBAUTEN UND IDEEN FÜR DEREN FINANZIERUNG

Bau Reutte

Schon lange vor dem Neubau in Innsbruck gab es die Diskussion um ein Tierheim in Reutte. Nach Innsbruck waren es hundert Kilometer, noch dazu über den Fernpass, was besonders im Winter schwierig sein konnte. Es ging vor allem darum, kurzfristig Tiere aufzunehmen, zumal vor der bayrischen Grenze oft Hunde ausgesetzt wurden. Um die Idee auch vom Finanziellen her umsetzen zu können, schwebte mir ein kleines Holzhaus vor, etwas abgelegen, um mit Nachbarn kein Problem wegen Hundegebells zu bekommen. Erst einmal brauchte es dazu ein Grundstück, welches dann tatsächlich gefunden wurde. Wir bekamen es per Pachtvertrag mit der Stadtgemeinde Reutte für einen Schilling im Jahr, genehmigt auf hundert Jahre.

Auch wenn es anfangs nur ein kleines Haus mit den zugehörigen Gehegen werden sollte, so waren viele Laufereien dazu nötig – für den Bau des Fundaments, die Einrichtung, die Installationen für Wasser und Strom, die Beauftragung für die Fundamente der Gehege und so fort. Es muss ein schöner Sommer gewesen sein, denn nicht immer fuhr ich zum Schlafen nach Innsbruck zurück, sondern übernachtete mit einer Decke auf dem Fundament für das Haus.

Die Fertigstellung war besonders für Emmi und Petra aus Reutte wichtig, denn die beiden hatten bei Notfällen Tiere immer in der eigenen Wohnung untergebracht. Emmi hatte nach einer schlichten Eröffnungsfeier alle Arbeiten im Heim ehrenamtlich übernommen, unterstützt von Petra. Es gab viele schöne Erlebnisse, bis 1999 das große Hochwasser kam, wie es hier noch nie eines gegeben hatte. Das Wasser riss die Fenster heraus und schoss in einer Höhe von 1,60 Meter durch das Haus, sogar der

Die Bodenplatte für das Heim wird von drei Hunden inspiziert.

Kühlschrank wurde durch das Fenster hinausgeschwemmt. In der Früh waren mit Hilfe von Feuerwehrleuten, die schon bis zum Knie im Wasser wateten, die Hunde gerade noch gerettet worden. Um die Katzen hatte sich Emmy schon gekümmert.

Finanziell der größte Schaden war der totale Ruin der Gehege, bei denen die Betonfundamente herausgerissen worden waren. Das Wasser hatte Müll in jeder Form an die Gitter der Gehege geschwemmt und diese anschließend umgerissen. Das Haus selbst musste komplett abgetragen werden, um die Holzlatten zu trocknen, was die Firma Holzbau Saurer dankenswerterweise übernahm. Doch für die Tiere gab es wieder nichts in Reutte. Die Wiederherstellung dauerte bis zum nächsten Jahr.

Sechs Jahre später ging alles von vorne los. Das Hochwasser kam diesmal noch überraschender daher, weil ein Damm gebrochen war. Es war 6 Uhr morgens, wieder wurden alle Tiere innerhalb

Aufräumarbeiten nach dem ersten Hochwasser

kürzester Zeit gerettet und privat untergebracht. Natürlich hatten sich auch die Gehege-Zäune vor der Wucht der Wassermassen mitsamt den Fundamenten wieder umgelegt und waren unbrauchbar geworden. Alle ehrenamtlichen Mitarbeiter wollten nur noch weg von dort. Etliche neue Grundstücke wurden anvisiert, jedes Mal gab es nach erstem Optimismus eine Enttäuschung. Ein Bleiben am alten Ort war die einzige Lösung. Vom Bürgermeister wurde ein Schutzwall zugesagt, der tatsächlich gebaut wurde und die erhoffte Funktion bis heute erfüllt.

Wie sollte es aber mit dem Haus weitergehen? Ein neuer Trockenvorgang war nicht mehr rentabel, es hatte sich bereits Schimmel gebildet. Da erfuhr ich gerade zu dieser Zeit von einer Blumenhandlung, die aus Containern bestanden hatte und aufgelöst worden war. Mir war sofort klar, dass ein Blumengeschäft sicher hell gewesen sein musste. So war es auch. In Buch bei Jenbach war

Ein Kran setzt das gelieferte Tierheim auf die Bodenplatte.

bei der Firma Hauser das Geschäft aus vier Containern gelagert, mit zwei zusätzlichen Containern ergab das ein optimales Tierheim in der erweiterten Größe. Mein Kopf und der des Chefs des Unternehmens rauchten, denn insgesamt benötigten wir statt der zwei vorhandenen Türen jetzt sechzehn Türen, dazu Küche, WC und andere Installationen. Zwei Monate lang bereitete die Firma Hauser am eigenen Gelände alles vor, dann konnte der Transport über 130 Kilometer durch das Inntal über den Fernpass nach Reutte mit entsprechenden Spezial-LKWs stattfinden. Der Wettergott spielte mit und nach 48 Stunden war auf der davor leeren Bodenplatte ein fertiges Tierheim zu sehen. Ein wenig höher gelegt, denn das Misstrauen gegenüber dem Wasser war noch nicht weggetrocknet. Später kam noch ein Tiroler Holzdach darüber, sodass die Container als solche nicht mehr zu erkennen waren. Diese Dachform war nötig, um die Decken der Container vor den großen Schneemen-

Fertig. Dass dieses kleine Tierheim aus sechs Containern besteht, fällt kaum auf.

gen zu schützen. Außerdem war dadurch im Dachboden ein Raum entstanden, in dem im Notfall Katzen kurzfristig untergebracht werden konnten. Weil das Hochwasser inzwischen dieses Tierheim meidet, wird der Dachboden nur noch als Lager verwendet.

2001 Tierheimbau

Ich hatte indes ganz andere Sorgen. Das Spendenaufkommen des Vereins war immer noch deprimierend bis armselig. Durch das gnadenhalber im Alten Landhaus zur Verfügung stehende Büro waren die Mitglieder der Meinung, ich sei eine Angestellte der Landesregierung und der Verein würde von dort finanziert. Eine Änderung war nur möglich, wenn ich mit meinen Akten ins Tierheim ziehen würde, wo aber beim besten Willen überhaupt kein Platz war. Noch mehr Schulden hätten die Banken ohne Sicherstellung nicht akzeptiert. Dabei war meine Hausbank immer sehr großzügig gewesen. Oft genug war wenige Tage vor dem Ersten kein Geld für die Gehälter der Mitarbeiter da. Dann bekam ich kurzfristig den Betrag vorgeschossen und bettelte ihn danach anderweitig schnell zusammen. Oder ich lieh mir im Freundeskreis den nötigen Betrag aus. Immer verließen sich Bank und Freunde darauf, dass ich kurzfristig den Engpass auflösen konnte, was ich stets schaffte. Jedenfalls bekamen die Mitarbeiter immer pünktlich ihr Gehalt.

Ich wohnte in Rum in meinem Haus, welches genug Sicherstellung für einen Kredit bot. Während ich den Tierheimbau begann, verkaufte ich gleichzeitig mein Haus. Auch meine Kinder erhielten einen Anteil. Dass ich einen anderen Teil in den Tierheimbau investierte, verstehen sie erst heute.

Eigentlich wollte ich ursprünglich nur zwei Räume über dem alten Tierheim aufstocken lassen. Es kam der Statiker und teilte mir mit, dass das nicht möglich sei, weil die alten Wände des Flachbaus keine Erhöhung vertragen würden. Das ist der Grund dafür, dass dann durch den Architekten die bogenförmigen „Haxen" zum Abfangen des zukünftigen Daches entstanden sind. Jetzt ging es erst richtig los. Nachdem das Haus sowieso viel zu klein war, sollte auch gleich für die Tiere eine Vergrößerung geplant werden. Später wäre das alles viel teurer bis unmöglich geworden. Es war ja nicht einmal ein Lager vorhanden. Damals wurde mir Größenwahn vorgeworfen. Heute wissen wir, dass der Bau schon nach zehn Jahren schon wieder zu klein war.

In jedem Fall brauchte ich noch mehr Geld. Bei Landesrat Eberle fand ich mich schnell ein, da sein Büro im gleichen Haus war. Ich bekam eine mündliche Unterstützungszusage. Dagegen schien es unmöglich, beim damaligen Bürgermeister von

Die Baugrube
fürs neue Tierheim

Innsbruck, DDr. Herwig van Staa, wenigstens einen Termin zu bekommen. Vom Umgang mit „hohen Herren" hatte ich keine Ahnung, umso hartnäckiger war ich. Im Rathaus hatte ich mir vorgenommen, mich nicht abwimmeln zu lassen. Ich marschierte unter dem erstaunten Blick der Sekretärin ins Bürgermeister-Büro, ohne dass man mein Auftauchen verhindern konnte. Natürlich kannte mich der Bürgermeister aus den Medien, aber sonst nicht. Ich war fest entschlossen, dass man mich ohne eine positive Zusage mit polizeilicher Gewalt aus dem Zimmer hätte tragen müssen. Van Staa dürfte das gespürt haben und ließ mich erst

Der Wettergott hatte selten Mitleid und sparte hier ausnahmsweise nicht mit Sonnenschein.

einmal reden und reden und reden. Ich glaube heute, dass er sich über meine Hartnäckigkeit amüsiert hat, jedenfalls hatte ich beim Weggehen neben offenen Ohren die von mir erhoffte Zusage.

Die nächste Hürde war unser von mir geschätzter Geschäftsführer des Vereins, der seine Erlaubnis für den Aus- und Neubau aus Sorge über ein mögliches Scheitern verweigerte. Meine Fähigkeiten beim Betteln kannte er noch nicht und die Sicherstellung durch meinen Hausverkauf war ihm zu wackelig. Auf Zusagen von Politikern würde er sowieso nichts geben. Ich habe in meinem ganzen

Die Leimbinder wurden von der Firma Huter mit dem Kran direkt aufs Dach gesetzt.

Leben auf Handschlag gebaut und wurde auch von Politikern nie enttäuscht. Leider zog sich dieser verdiente Geschäftsführer zurück, jedoch fand ich einen Rechtsanwalt, der sich weniger Sorgen machte und mich agieren ließ.

Danach waren die Bauspezialisten dran. Es war Frühling und ich wollte so schnell wie möglich fertig werden. „Zwei Jahre brauchen wir in jedem Fall, es ist ja inzwischen ein riesiges Projekt." Meine Antwort war: „Wir schaffen das in einem halben Jahr!" (Bin ich verwandt mit Merkel?)

So war es dann auch, obwohl der Sommer völlig verregnet war. Es war eine riesige Baugrube, denn inzwischen hatte ich eingesehen, dass es auch einen zusätzlichen Keller brauchte. Später wäre der nicht mehr machbar gewesen. Ohne die fachliche Unterstützung durch Dipl.-Ing. Peter Huter und das laufende Ent-

Fertig, obwohl der Statiker den Aufbau anfangs für unmöglich hielt.

gegenkommen durch seine Firma hätte ich das nie geschafft. Er verstand es immer wieder, mich in Situationen, die fast unlösbar schienen, zu beruhigen und meine Emotionen gegen seine Ruhe auszutauschen.

Das große Abenteuer war die Unterbringung der Tiere während der Bauzeit. Die Hunde blieben nachts draußen in ihren Hütten, nur fünf Wochen lang wurden sie evakuiert in das sogenannte „Obere Gericht" auf dem Weg Richtung Reschenpass, wo bei einem Bergbauern ein kleines Tierheim betrieben wurde.

Die Kleintiere wurden in der Bauzeit jeweils bei ehrenamtlichen Helfern untergebracht, was mit den Katzen nicht möglich war. Immerhin kamen laufend neue, für die durch die Abgabe anderer Katzen Platz gemacht werden musste. Es waren insgesamt zwei Baucontainer, die am Straßenrand abgestellt wurden und von Helfern mit einem Gitter als Auslauf umgeben wurden. In einem

Tierische Feier mit Eröffnungsband aus Wurst für den Hund

der Container befand sich der Schreibtisch für Elfriede, die dieses „Katzenheim" betreute und dafür sorgte, dass jede fallweise entwischte Katze wieder eingefangen wurde. Caro war ein Fels in der Brandung und bewährte sich als Hilfe für alles. Ich selbst hatte so viel um die Ohren, dass mein Hirn nicht mehr richtig speicherte und ich heute kaum sagen kann, wie wir es bis zur Eröffnung am Welttierschutztag 2001 geschafft haben und wie alle Tiere ins neue Haus einziehen konnten. Normalerweise durchschneidet bei einer Eröffnung ein hoher Politiker ein Band, diesmal übernahm das der Hund des segnenden Pfarrers, das Band bestand aus Würstchen.

Immer wieder plagten uns finanzielle Sorgen, doch zum Glück gab es Tierfreunde, die uns ihre Hilfe anboten. Wie Iris, die Besitzerin des bekanntesten Sporthauses in Innsbruck, der es durch ihre unglaubliche Energie und Tierliebe gelang, Tirols einzigen Weltstar, Eva Lind, für ein Benefizkonzert zu gewinnen. Das Pub-

Tierfreundin Eva Lind im Tierheim

likum zeigte sich nicht nur musikalisch begeistert, sondern auch sehr großzügig, was die Spenden für das Tierheim betraf. In Kontakt bin ich mit dieser faszinierenden Frau heute noch.

Kürzlich konnte Eva Lind spontan einer Maturantin eine Riesenfreude machen: Vor 40 Jahren hatte ich Elfi aus Sistrans durch einen Igel, den ich behandeln sollte, kennengelernt. Im letzten Jahr rief sie mich an, ob ich nicht einen Termin mit Eva Lind vermitteln könnte. Eine damals siebzehn Jahre alte Griechin ginge hier zur Schule, um die Matura zu machen, und träumte davon, später Gesang studieren zu können. Eva Lind sollte beurteilen, ob Natalia das Zeug dafür hätte.

Ich zögerte das hinaus, denn es gibt sehr viele Mädchen mit schöner Stimme, was alleine nicht genügt. Dazu war mir die Zeitknappheit von Eva bewusst. Eines Tages rief mich Eva an, ob ich jemanden wüsste, der sich das Seminar auf ihrer Musikakademie selbst nicht leisten könnte und dem sie mit einem Stipendium in der Meisterklasse am Achensee eine Freude bereiten würde, denn kurzfristig wäre ein Teilnehmer ausgefallen. Natalia zur Freistellung von der Schule und zur Anmeldung bei der Musikakademie zu verhelfen, war schnell geschehen. Es hat sich gelohnt, denn die junge Griechin hat wirklich Talent und studiert inzwischen mit viel Erfolg am Mozarteum in Salzburg Gesang.

Erfüllung eines Traumes

Über Jahrzehnte hatte der Verein nach einer Lösung für sein Parkplatzproblem gesucht, war dabei jedoch nie auf einen grünen Zweig gekommen. Ein spezielles Grundstück wäre die Lösung gewesen, gehörte jedoch dem Stift Wilten. Dass es dann doch in den Besitz des Tierschutzvereins für Tirol überging, verdanken wir besonders der Hilfe des damaligen Landesrates Anton Steixner, der den Ankauf über den Landeskulturfonds erreichte. Wir selbst hatten kein Geld dafür, doch heute ist das Konto für den rückzahlungsfreien Kredit dank einer Erbschaft ausgeglichen. Jedenfalls habe ich am Tag nach der tollen Mitteilung einen „Kater" gehabt, weil ich in der Nacht mit mir selbst gefeiert habe – mit viel Eierlikör. Da ich normalerweise so gut wie nichts trinke, war die Wirkung recht heftig. Dieser „Kater" musste zum Glück nicht ins Tierheim, brauchte auch keine Kastration, sondern löste sich von selbst wieder auf.

Später gab es noch einmal Hilfe von Seiten der Tiroler Landesregierung: Hinter den Hundegehegen beginnt der Wald. Ein Grundstücksstreifen dazwischen gehörte dem Verein noch nicht, konnte aber dann tatsächlich dem Tierheim übertragen werden. Diesmal verzichtete ich trotz der Freude auf den Eierlikör.

Weiterer Ausbau 2013

2013 fielen weitere Bauarbeiten im Tierheim Mentlberg an. Dieses war zu klein geworden, ganz besonders die Unterbringung der Kleintiere war katastrophal und alles andere als artgerecht. Bloß – wo sollte man weiterbauen, wenn keine Fläche dazu vorhanden war? Der Grund nach Westen gehört dem Bund mit der sich darauf befindenden Justizanstalt. Die Verhandlungen mit Wien über einen günstigen Pachtvertrag waren bald erfolgreich, jetzt war die Stadt an der Reihe mit der Umwidmung in Bauland. In diesen Dingen war ich oft naiv und damit lästig, weil ich – aus meiner

Neubau Kleintierhaus.
„Komme gleich!"

Eröffnung der beiden neuen Gebäude. Von links: DDr. Herwig van Staa, Eva Lind, LR Anton Steixner, ich, Bürgermeisterin Mag.ᵃ Christine Oppitz-Plörer

Sicht manchmal unnötige – Wartezeiten nicht verstehen konnte. Ich entschuldige mich heute bei jenen Mitarbeitern im Stadtmagistrat, die ich mit meinem Zeitdruck gequält habe. Ich plante ja nicht nur das Kleintierhaus, sondern dahinter das Vereinscafé und bin heute noch froh darüber, dass Baumeister Peter Huter mir zuredete, trotz der Mehrkosten die Bodenplatte so groß zu machen, dass später darunter ein Ausbau möglich wurde. Dort befindet sich heute die Quarantänestation.

Petrus war sichtlich mit meinen Planungen nicht zufrieden, sonst hätte er mich nicht schon wieder mit permanentem Sauwetter bestraft. Diesmal war es Schnee, der uns ständig begleitete. Ich habe in dieser Zeit etliche Muskelkater vom Schneeräumen bekommen, denn die Tierheim-Mitarbeiter waren im bestehenden Haus mit den Vierbeinern und Vögeln ausreichend beschäftigt und hätten dazu keine Zeit gehabt. Geschneit hat es nachts, ich hatte aber den Ehrgeiz, dass morgens die Bauarbeiter gleich arbeiten konnten und nicht schöpfen mussten. Das Lob der Firmenleitung verlieh mir die nötigen Flügel, um aufs Dach zu kommen und Schnee zu schaufeln. Im Gegensatz zu Petrus waren mir die Mitarbeiter der verschiedenen Firmen wohlgesonnen. Vermutlich auch jener Mitarbeiter im Rathaus, der mich manchmal zur Verzweiflung brachte, in Wirklichkeit wahrscheinlich aber nur darauf achtete, dass mir keine Fehler passierten.

Eisern war die damalige Bürgermeisterin Christine Oppitz-Plörer am Tag der Eröffnung der beiden Häuser zum Welttierschutztag 2013. Sie machte mir klar, dass sie zur geplanten Zeit nicht eröffnen würde, wenn die Benützungsgenehmigung davor nicht schriftlich in ihren Händen wäre. Mein Stress zeigte sich durch einen puterroten Kopf, weil ich nicht wusste, ob der Bescheid bis elf Uhr eintreffen würde. Um zehn Uhr war das Schriftstück noch nicht da und ich zerbrach mir den Kopf, was ich zur Presse sagen sollte, wenn eine Verschiebung der groß angekündigten Eröffnung nötig geworden wäre. Der Stein, der mir von Herzen fiel, als alles klappte, war groß wie ein Felsen.

Tierheim Wörgl

Im Tiroler Unterland war die anfallende Tierschutzarbeit kaum noch zu bewältigen. Die Frau, die jahrelang in Kirchbichl privat Tiere aufgenommen hatte, war altersbedingt der Aufgabe nicht mehr gewachsen. Das Einzugsgebiet war groß und man konnte nicht mit jedem herrenlos aufgefundenen Tier nach Innsbruck fahren. Immer, wenn ich in der Gegend unterwegs war, suchte

Der Backofen wird herausgehackt.

ich nach einem Platz außerhalb einer Wohnsiedlung, um dabei nicht gleich wegen Hundegebells in Schwierigkeiten zu kommen, wie das beim kleinen, umgebauten Bauernhof in Fließ geschehen war. Dort hatten sich nicht die Nachbarn, sondern die im Tal gegenüberliegende Gemeinde wegen ihres Fremdenverkehrs über das Bellen beschwert und eine Auflösung des Heimes für die acht Hunde erreicht. Das zweite Argument für die Schließung war der darunterliegende Bauer. Er fand es unzumutbar, dass er beim Mähen mit der Sense von den Hunden angebellt wurde.

Es war für mich wie ein Geschenk, als ich außerhalb von Wörgl im Jahre 2005 ein altes, nicht verwendetes Bauernhaus sah, neben dem, wie vergessen, ein sogenanntes „Zuahäusl" stand. Bei näherer Betrachtung entpuppte es sich als ein ehemaliges Brotbackhaus. Nie wieder habe ich einen Raum gesehen, der fast zur Gänze aus einem Backofen mit vielen Brothöhlen besteht.

Schutt aus dem Backofen

Tatsächlich ist es gelungen, den Besitzer davon zu überzeugen, mit dem Tierschutzverein für Tirol einen Pachtvertrag mit einer großzügigen Laufzeit abzuschließen. Die erste, unglaublich staubige Aufgabe bestand darin, den Backofen abzutragen. Ich fand dazu drei Helfer für die Arbeit mit dem Pickel, meine Aufgabe war das Schaufeln. Es dauerte vier Tage, bis wir das ganze Material draußen hatten. Danach konnten die Arbeiten durch eine Baufirma in Angriff genommen werden. Das Haus wurde renoviert, Fliesen wurden gelegt, Küche und WC installiert und die Katzenzimmer eingerichtet. Der Bau der Hundegehege war die letzte Arbeit, um noch 2005 das Heim eröffnen zu können. Dass es schnell belegt sein würde, war vorhersehbar, auf jeden Fall wird dort seit langem engagierte Arbeit geleistet.

Katzenheim Schwaz 2010

Weiteres Geld musste ich auftreiben, um das Katzenheim Schwaz renovieren zu können. Dieses über hundert Jahre alte, ehemalige Wohnhaus für Knappen aus dem Bergbau in Schwaz war den Katzen von Dr. Schlatzer im Testament vererbt worden. Es war einfach in einem schlimmen Zustand. Bei der Überprüfung durch die Behörde für eine Genehmigung zum Betreiben des Katzenhauses wurde ganz besonders die gefährliche, steile Treppe ins Obergeschoß, die mit einer Dachbodenklappe endete, mit Entsetzen bemerkt. Sogar kleine Menschen mussten hier den Kopf einziehen. Bei der Besichtigung war klar, dass ohne Umbau kein Betrieb möglich war. Auch musste die Zufahrt verbessert werden, das Haus lag oben am Waldrand und der Weg war steil und nicht asphaltiert.

Im Haus, das im Besitz des Tierschutzvereins war, wohnte seit einigen Jahren eine ursprünglich sehr verdiente Tierschützerin. Der Verein trug die Betriebskosten sowie das Gehalt für eine Angestellte. Die Einnahmen gingen an den privaten Katzenverein dieser Frau. Als die Renovierung nicht mehr zu verhindern war und die Landesregierung die Verwendung als Katzenheim in diesem Zustand verweigerte, musste die damals 80 Jahre alte Frau gebeten werden, in ihre über 100 m² große Dachwohnung in Schwaz zurückzugehen. Sie erklärte mir, dass ich dafür keine Chance hätte, sie würde bleiben. Da das aber nicht ging, las ich dann groß in der Zeitung, ich würde eine alte Frau herzlos auf die Straße setzen. Meine Menschenkenntnis hatte mich hier total verlassen. Ich erfuhr erst später, dass meine ehrliche Sympathie schon lange einseitig war und man mir Bereicherungsversuche unterstellte. Vielleicht hat das diese Frau wirklich geglaubt.

Für mich waren vor allem die angefallenen Kosten der Renovierung eine Genugtuung. Sie lagen deutlich unter den Erwar-

Hier sieht man einerseits die Steilheit der alten Stiege, andererseits die Stelle, an der man ohne sich zu bücken (bei normaler Körpergröße) einen Kopfschlag bekommen hätte.

Die Behörde war entsetzt über den Aufgang zu den Katzenzimmern.

tungen, obwohl mir der damalige Vorstand ein Fiasko prophezeit hatte und ich wieder einmal auf einsamem Posten gestanden war. Die Leistungsfähigkeit des Katzenheimes ist enorm, wie auch der Anstieg der Arbeit seit der Genehmigung durch die Behörde beweist. Gerade die Arbeit mit Katzen verlangt großes Fachwissen, besonders im gesundheitlichen Bereich. Viel zu leicht wird eine Krankheit eingeschleppt und die vorhandenen Tiere müssen durch einen besonderen Einsatz vor Ansteckung bewahrt werden. Dazu sind Katzen sehr sensibel und das Zusammenführen mit anderen vierbeinigen Mitbewohnern erfordert ebenfalls ein besonderes Feingefühl. Jedenfalls konnte und kann dort vielen Zimmertigern in Not geholfen werden.

VERNISSAGEN UND
THEATERSTÜCKE

Schloss Friedberg

Leider habe ich von bildnerischer Kunst wenig Ahnung, weil für mich die Musik immer wichtiger war. Ich war daher völlig unwissend, als Susanne und Peter von der „Galerie Augustin" mir den Vorschlag machten, eine Versteigerung für den Tierschutzverein zu planen. Von Bildern wusste ich nicht viel mehr, als dass sie einen Rahmen haben und aufgehängt werden. Jetzt sollte ich also Bilder für eine Verkaufs-Vernissage auftreiben. Anfangs war es mir äußerst unangenehm, immer ans Betteln denken zu müssen. Angesteckt von der Idee, fing ich an, mich mit Bildern zu identifizieren. Ich habe keine Ahnung mehr, wie viele ich selbst erbettelt habe und wie viele die Galeristen zur Verfügung stellten. Ich war einfach davon begeistert, dass sich Graf Johannes Trapp dafür stark gemacht hatte, uns das Schloss Friedberg in Volders, in dem er aufgewachsen war (Besitzer ist sein Bruder, Graf Gaudenz Trapp) für diese Versteigerung zur Verfügung zu stellen. Das Schloss kannte ich nur von außen, in seiner Pracht steht es erhöht über dem Inntal und blickt auf eine kulturreiche Geschichte zurück. 1230 wurde es von den Grafen zu Andechs gegründet, wechselte über Margarethe Mautasch zu den Habsburgern und kam um 1500 zu den Fiegern, die durch den Schwazer Silberbergbau reich geworden waren. 1845 erwarb die Familie des Grafen Trapp den Besitz und übernahm die erste große Renovierung, die zweite erfolgte unter dem heutigen Besitzer Graf Gaudenz Trapp von 2006 bis 2009.

Ich war noch nie dort gewesen und hatte keine Ahnung, dass – im Unterschied zu heute – keine Zufahrt möglich war. Was es heißt, 100 Bilder in teilweise sehr schweren Rahmen über viele Stiegen weit hinaufzuschleppen, ahnte ich nicht. Da es an dem Tag auch noch heiß war, kam ich nicht umhin, zusätzlich Geträn-

Schloss Friedberg

ke jeder Art hinaufzuschleppen. Der Erfolg dieser Veranstaltung war sicher nicht mein Verdienst, sondern der von Familie Augustin, die sich sogar um ein Originalbild von Max Weiler gekümmert hatte. Ahnungslos wie ich war, hätte ich es nicht einmal geschafft, die Bilder im Rittersaal richtig aufzuhängen.

Um Besucher anzulocken, hatte mein Sohn Roland einen für damals hochmodernen Skybeamer aufgestellt, der noch Publikum aus dem Tal herauflocken sollte. Aufmerksamkeit hat das jedenfalls genug ergeben. Die Einnahmen aus der Versteigerung halfen, den damals gewaltigen Schuldenstand zu reduzieren.

Anfangs kapierte ich nicht, dass die beiden Brüder Trapp zwei verschiedene Schlösser besitzen. Das eigentliche Schloss von Graf Johannes Trapp ist die berühmte Churburg bei Schluderns auf dem Weg vom Reschenpass nach Meran. Vor 500 Jahren kam die

Die Churburg

damals schon 250 Jahre alte Burg in den Familienbesitz der Grafen Trapp und wurde in der zweiten Hälfte des 16. Jahrhunderts in ein Renaissanceschloss umgebaut.

Bilder, gemalt von Promis

Die Versteigerung in Friedberg war ich ziemlich naiv angegangen, darum wollte ich mir selbst beweisen, dass ich auch selbst mit einer neuen Idee etwas auf die Beine stellen konnte. Ich kaufte große Zeichenblöcke und je einen Malkasten, verschickte diese an Prominente und bat um ein Bild, um es dann zu versteigern. Ich bekam tolle Aquarelle und Zeichnungen zurück. Gernot Langes arbeitete sogar echte Haare vom Fell seines Hundes ein. Der Eisvogel von Sissy Löwinger z. B. bewies deren Malerfahrung, wäh-

Für die Vernissage ein Bild von Dr. Hugo Portisch

rend das köstliche Bild von Dr. Hugo Portisch mit Maus und Libelle von großartigem Humor gekennzeichnet ist. Ich habe noch nie eine so herzlich lachende Libelle gesehen.

Mit vierzig Bildern organisierte ich eine Vernissage mit gleichzeitiger Versteigerung im Casino Innsbruck und machte mir bei der Vorbereitung viele Gedanken. Glücklich und stolz war ich, dass ich den inzwischen in ganz Österreich bekannten ORF-Sprecher Peter Daser für die Moderation gewinnen konnte. Wir beide haben uns am Tag davor intensiv vorbereitet, weil wir mit über hundert Besuchern rechneten. Leider wütete am Tag der Verkaufs-Vernissage ein schlimmer Schneesturm, auf die Straße gingen höchstens Abenteurer. Die nicht gerade reichlichen Besucher konnten sich dafür freuen, weil sie beim Ersteigern weniger Konkurrenz hatten, was insgesamt die Preise drückte. So konnte ich das Bild von Hugo Portisch selbst ersteigern. Es hängt in meinem

Schlafzimmer und erinnert mich an diesen faszinierenden Österreicher, der die geschichtliche und politische Berichterstattung – besonders auch im Fernsehen – über Jahrzehnte geprägt hat wie kein anderer.

Theater

Zu meinen lustigsten Ideen gehörten Theaterstücke, vorwiegend gespielt von Prominenten, die davon kaum Ahnung hatten. Ich habe für die drei Aufführungen innerhalb von zehn Jahren insgesamt 45 Sketches geschrieben, nur die „Salzburger Bieroper", ein Ritterspiel mit bekannten Melodien, bei dem am Ende alle Darsteller auf dramatische Weise sterben, stammte bereits aus meiner Jugendzeit in Salzburg. Für die Proben im Tierheim vor der ersten Aufführung bat ich den damaligen Intendanten des Tiroler Landestheaters Helmut Wlasak um Hilfe. Dieser ging die Sache mit richtigem Theater-Ernst an und brachte uns auch einiges bei. Als es zur Perfektion ging, schien er zu verzweifeln, nahm mich dann plötzlich beiseite und konnte sich vor Lachen kaum beruhigen. Er meinte, dass das Üben mit einer bestimmten, bekannten Persönlichkeit einfach zwecklos sei, weil Gesang und Text jedes Mal anders abenteuerlich klangen. Er sah das jetzt aber positiv und meinte, dass das Publikum sicher glauben würde, man mache das absichtlich: „Das lassen wir so!" Alle drei Theaterabende wurden vom beliebten Radio-Sprecher Roland Staudinger moderiert. Nur der vom Fernsehen bekannte Straßenkehrer „Herr Reindl" moderierte sich selbst.

Die Veranstaltungen fanden erst im Congress Igls, dann in Innsbruck im Stadtsaal und zuletzt im Kongresshaus Innsbruck statt. Dabei hatten prominente Mitspieler aus Kunst, Medizin,

Medien, Wirtschaft, Politik und anderen Bereichen den Humor mitzumachen und den Mut, meine Ideen umzusetzen. Ich kann sie nicht alle aufzählen, es waren viele bekannte Tiroler dabei: Prof. Raimund Margreiter, Patricia Karg, Toni Steixner, Elisabeth Zanon, Heidi Fischler, Ernst Grießer, Kurt Arbeiter, Lilly Staudigl, Erhard Berger, Susan P., Klaus Nuener, Gebhard Jenewein, Walther Prüller, Franz Birkfellner und andere. Wobei der Sketch eines Landesrats mit Patricia Karg, der bekanntesten Künstlerin von Tirol, die allergrößten Lachsalven hervorrief. Die beiden steigerten sich so in ihre Rolle hinein, dass sie gerade noch jugendfrei blieben. Georg Willi, der mit seinem privaten Chor auftrat, wurde 2018 Bürgermeister von Innsbruck.

Ich danke hiermit allen ganz herzlich, auch den nicht Genannten.

Ehrungen

Feierlich empfunden habe ich jedes Mal die Ehrungen, die ich bekam, obwohl ich mir beim ersten Mal unwissend einen großen Fauxpas leistete. Ich bekam das Schreiben für die Verleihung der Verdienstmedaille des Landes Tirol und hatte das Gefühl, dass ich diese Ehre nicht verdienen würde, weil es im Verborgenen genug andere Menschen gab, die schon viele Jahrzehnte für den Tierschutz lebten. Ich bedankte mich also für die geplante Ehre schriftlich und sagte ab. Oje – das tut man nicht und ich bekam von höchster Stelle die Meinung gesagt. Es gab dann einen Ersatztermin.

Später kamen noch das Verdienstkreuz und das Ehrenzeichen dazu. Da „Ehrenzeichenträgerin" die höchste erreichbare Ehrung für mich ist, fühlte ich mich bei der Verleihung durch Landes-

Die Übergabe des
Ehrenzeichens durch
Landeshauptmann
Günther Platter

hauptmann Günther Platter intensiv als Ur-Tirolerin und danke
dafür, in diesem Land zu leben. Das ist ein tiefes Heimatgefühl,
auch wenn meine Liebe zu Salzburg, das mich in meiner Jugend
geprägt hat, nicht ausgelöscht werden kann.

Die Verleihung des Bundestierschutzpreises in Wien, der alle zwei
Jahre vergeben wird, hat meinem Selbstvertrauen natürlich sehr
gutgetan. Leider bringt Erfolg auch Neider und Verleumdungen.
Heute kann ich mit solchen Dingen leben und sehe die damit
verbundenen Intrigen als unbedeutend an. Eine einzige Verleum-
dung hat mich bis heute tief getroffen: Ich hätte eine Spende un-
terschlagen. Es war in allen Zeitungen und sogar im Fernsehen.
Nach einigen Wochen konnte der Fall geklärt werden, aber das
war zu spät. Ein Aufzeigen des Fehlers hätte noch mehr Misstrauen erzeugt. Wenigstens im Tierschutzkurier konnte der Beleg
abgedruckt werden. Ein Einkauf in der Stadt war für mich jahrelang die Hölle pur. Bei jedem Menschen, der mich ansah, stellte
ich mir die Frage, ob er auch glauben würde, ich hätte gestohlen.
Dass ich Jahrzehnte ehrenamtlich gearbeitet habe, war nicht re-

Verleihung des Bundestierschutz-preises in Wien. Tier-schutz-Obmann Dr. Martin Janovsky und Obfrau Elisabeth Baldauf-Bracke nehmen mich in die Mitte.

levant. Trotzdem bin ich dankbar dafür, dass mich bei Enttäu-schungen meine selbstgewählten Aufgaben ablenken konnten; immer durfte ich die Überwindung von Schwierigkeiten als einen für mich nötigen Lernprozess sehen.

Dass mein Nervenkostüm viel besser geworden ist, wurde mir vor kurzem klar. In Rum, wo ich mein eigenes Haus verkauft hatte, ging das Gerücht um, ich hätte ein Haus geerbt und dann den Sohn der Erblasserin hinausgeworfen. Gemeint dürfte dabei die Wohnung von meiner ehemaligen Nachbarin gewesen sein, wel-che ich zeitweise betreut hatte. Sie schenkte dem Tierschutzverein eine Wohnung, in der ihr Sohn wohnte. Diese wurde später ganz legal verkauft und mit dem Sohn dessen Auszug vereinbart.

Nur kurzfristig hatte mich die neue Behauptung gestört, ich hätte es auf die Wohnung einer älteren Frau abgesehen, die mich vor kurzem um Hilfe bat. Sie spürte, dass sie von der erbenden Nichte entmündigt werden sollte, was sich bald danach durch ein Schreiben der Sachwalterschaft betätigte. Der überprüfende Sach-verständige war bei seinem Besuch der Dame so fassungslos, dass die angestrebte Entmündigung inzwischen eingestellt wurde. Es folgte die Behauptung der Nichte, dass ich hinter dem Verfahren stecken würde, wobei ich seit Jahren keinen Kontakt zu der alten Dame gehabt hatte. Weiters sei ich – unter anderem – eine stinkreiche Erbschleicherin mit vielen Immobilien, zu denen ich auf unlautere Weise gekommen wäre. Gut, dass ich außer meiner kleinen Zweizimmerwohnung mit Garten nichts besitze. – Doch, einen Polo mit derzeit 240.000 Kilometern, verschiedenen Beulen und meinem Optimismus, mir bis zu einem Tachostand von 400.000 Kilometern treu zu bleiben.

Generationswechsel

Mit dem Bau der Tierheime und der durchgehenden Erreichbarkeit für Notfälle hatte ich mir freiwillig eine meist 70-Stunden-Woche beschert. Bemerkenswert ist, dass ich eine Quereinsteigerin war und vielleicht gerade deshalb ein Engagement mit Freude bewiesen habe. Es wurde Zeit, andere ans Ruder zu lassen. In keinem Fall wollte ich zu jenen Menschen gehören, die nicht loslassen können. Meine Arbeit im Verein habe ich nach Jahrzehnten selbst beendet und dieses ein halbes Jahr davor für meinen 70. Geburtstag angekündigt. Als ewiger Optimist konnte ich darauf vertrauen, dass die nötigen Änderungen zum Erfolg führen. Die junge Riege darf Fehler machen, aber im Sinne der Tiere jeden möglichst nur einmal. Auch ich habe vieles erst durch die Praxis lernen können.

Ich habe in einer Zeit begonnen, in der „Tierschützer" noch ein Schimpfwort war und man ohne Unterstützung oder Anerkennung zurechtkommen musste. Viele ehrenamtliche Zusatzleistungen der Mitarbeiter waren normal, welche heute rechtlich gar nicht mehr möglich wären. Wer damals im Tierheim arbeitete, kannte keinen Blick auf die Uhr. Heute träumen viele junge Menschen – besonders Mädchen – davon, im Tierschutz oder Umweltschutz tätig zu werden, was längst anerkannt wird und damit eine positive Entwicklung ist. Die Praxis zeigt schnell, dass es auch heute Einsatz, Wissen und gute Nerven braucht. Ich wünsche diesen jungen Menschen die Erkenntnis, dass Wissen nicht vom Baum fällt und dieses gerade in der Verantwortung für Tiere ein langes Lernen bedeutet. Ich kann leider nicht behaupten, dass ich in meiner jahrzehntelangen Tierschutzarbeit keine Fehler gemacht hätte.

Derzeit braucht es im Tierheim Neuerungen, besonders bei den Hundegehegen. Diese waren beim Bau 2001 nach den Plänen einer Architektin, die sich ehrenamtlich beworben hatte, errichtet worden. Nicht verstanden habe ich bei meinem Weggang den Bau einer großen Voliere für Wildtiere, denn es wurde dazu ein Teil der Hundewiese abgezweigt. Bis dahin waren verletzte und pflegebedürftige Wildtiere vom Alpenzoo übernommen worden, wo wesentlich mehr Erfahrung und Kompetenz für diese Tiere besteht, und ich bin heute noch dankbar für die in meiner Zeit geleistete Hilfe, sowohl unter Dr. Helmut Pechlaner als auch unter Dr. Michael Martys.

Meine Nachfolge hatte schon vor der mysteriösen Wahl im Jahr 2015 einige Probleme gebracht. Im Jahr zuvor hatte Elisabeth B.-B. als gewählte Obfrau die Leitung übernommen. Es war ihr zugesagt worden, dass ich sie in der ersten Zeit beratend unterstützen würde, was dann verhindert wurde. Nach einem Jahr schwieriger Zusammenarbeit verlangte die Obfrau Neuwahlen. Sie verlor diese auf Grund von Fehlern und äußerst bedenklichen Vorfällen. Ich hatte meine Gründe, Dr. Lauscher für die Wahl nicht zu unterstützen. Vermutlich deshalb hat er dann als Obmann meine Existenz in seinem zweiseitigen Bericht im Tierschutzkurier „50 Jahre Tierheim Mentlberg" ignoriert. Meine finanzielle und praktische Beteiligung am Bau der drei zugehörigen Häuser wurde einfach totgeschwiegen. Die gleiche Mitteilung wurde ein halbes Jahr später im Tierschutzkurier noch einmal wiederholt, weshalb manchmal Vereinsmitglieder bei einer zufälligen Begegnung überrascht sind, dass ich noch lebe.

Für Überraschungen ist Dr. Lauscher immer gut. Besonders, als er seine eigene Sekretärin zu seiner Stellvertreterin und zum Vorstandsmitglied im Tierschutzverein für Tirol machte. Das ist nicht verboten, weil so etwas Ungewöhnliches nicht extra in den Statuten steht; auch wenn sich andere ebenfalls wunderten. Vermutlich hat es so etwas bei einem größeren Verein noch nie gegeben. Die Fähigkeiten dieses Obmannes zweifle ich in keiner Weise an. Wir mögen uns nicht, was nicht heißt, dass sich das nicht ändern kann, denn jeder Mensch hat zwei Seiten. Oft kennt man eben nur eine davon.

Die Einstellung „Es geht mich nichts mehr an und alles ist mir egal" ist für mich nicht immer leicht. Ich habe nie einen Dank erwartet, mir genügen die vielen gelösten Fälle von leidenden Tieren. Dass ich ehrenamtlich agiert habe, beweist jederzeit der Beleg meiner Pension, welche durch die fehlenden Beitragsjahre entsprechend klein ist. Für Menschen, die mich wegen eines Tier-Problems anrufen, habe ich selbstverständlich weiterhin Zeit. Schließlich freue ich mich jedes Mal selbst, wenn eine Lösung gefunden wird. Langweilig ist mir jedenfalls nicht.

PRIVATE TIERHALTUNG

Strolchi und andere Tiere

Zeit mit Tieren verbrachte ich ja ursprünglich nur bei mir daheim, und das mit Igeln und Katzen. Niemals hätte ich geglaubt, je Hundebesitzerin zu werden. Nachdem es für mich keinen Zufall gibt, kam wenige Tage nach Beginn meiner Tätigkeit für den Tierschutzverein ein Freund und brachte einen am Gardasee gefundenen, verletzten Spitzmischling, um ihn nach einer notwendigen Operation an einen guten Platz zu vermitteln. „Strolchi" war ein halbes Jahr alt und überstand die Operation bestens, wobei ihn meine drei Katzen liebevoll umsorgten und immer eine neben ihm lag. Da kam meine feste Entscheidung der Weitergabe dieses Tieres ins Wanken. Die Katzen zeigten täglich ihre Liebe zu dem Hund und ich brachte es nicht mehr übers Herz, ihn ins Tierheim zu bringen. Strolchi gab alle Liebe zurück und fraß nie, bevor nicht alle drei Katzen ihre Futterschüssel geleert hatten. Bis dahin stand er hinter ihnen und ging erst dann zu seiner eigenen Schüssel.

Viele Kinder lernten diesen Hund durch unsere Aktion „Richtiger Umgang mit Hunden" kennen. Inzwischen werden Kinder über das richtige Verhalten gegenüber Hunden schon in den Schulbüchern aufgeklärt. Damals war das kaum der Fall; es lag also nur am Lehrer, ob er am Thema Interesse hatte und es wirklich aufgegriffen wurde. Darum waren auch viele Lehrpersonen dankbar für das neue Angebot, mit einem geeigneten Hund in die Schule zu kommen. Strolchi war dafür einfach ideal. Er hatte genug Selbstvertrauen, um sich vor einer Kindermenge nicht zu fürchten, und ließ Streichelaktionen mit Vergnügen über sich ergehen. Mittelgroß, mit weißem Fell und großen Knopfaugen, konnte er so manchem Kind, das eine Hundephobie hatte, helfen. War die Angst sehr groß, so wurde mit Strolchi einfach eine Extraschulung orga-

Immer kümmerte
sich mein Strolchi
um Katzenkinder.

nisiert. Es war immer ein beglückendes Erlebnis, wenn so ein Kind, manchmal auch die Mutter, zum ersten Mal einen Hund streichelte. Nachdem ich selbst mit großer Hundeangst erzogen worden war, kenne ich den Unterschied in der Lebensqualität. Es gibt für ein Kind noch genügend andere Möglichkeiten, sich zu fürchten, da sollte wenigstens der Hund wegfallen. Als bei mir die Zeit knapper wurde, übernahm Claudia mit ihrer Jamie diese Schulbesuche, in denen sie jahrelang Kindern den richtigen Umgang mit Hunden beibrachte. Auch sie gab unbezahlte Zusatzstunden, wenn ein Kind schlimme Ängste hatte, und spürte die Freude, wenn dieses Kind zum ersten Mal einem Hund mit Vertrauen begegnete.

Als ich im Jahr 2001 nach dem Verkauf des Hauses in Rum mit
Strolchi nach Innsbruck-Klosteranger übersiedelte, nahm ich
auch meine drei damaligen Katzen mit. Ich hatte jetzt statt eines
Hauses eine Wohnung in der Nähe des Tierheims und musste
natürlich die Katzen erst einmal einsperren. Die zehn Jahre alte
Lilly war mit der Übersiedlung sichtlich nicht einverstanden und
verschwand nach einer Woche über den Balkon ins Freie. Jeden
Abend lief ich mit Strolchi lange laut rufend in der ganzen Umgebung herum, sie war wie vom Erdboden verschluckt und ich gab
nach vier Wochen unglücklich auf.

Nach insgesamt acht Wochen stand mein Sohn Roland aus
beruflichen Gründen vor dem Krankenhaus in Natters, als eine
Katze schnurrend um seine Beine strich. Dieses Tier sah meiner
Lilly sehr ähnlich, war aber so mager, dass Roland vorerst Zweifel
hatte. Diese dauerten nicht lange an – es war tatsächlich Lilly. Sie
hatte nicht nur einen Zwinger mit zwei Schäferhunden überwun-
den und die Bundesstraße überquert, sondern auch etliche Kilometer durch den Wald überlebt, ihrem Verhalten nach vermutlich
auch einen versuchten Abschuss. Damit sie nie mehr verschwinden konnte, kam Lilly jetzt zu meiner Tochter nach Wattens in
deren Dachwohnung. Sie fühlte sich dort sichtlich wohl bis zu
ihrem friedlichen Einschlafen im Alter von fast 25 Jahren.

Ein weiteres Vermisstenabenteuer betraf meine schwarze Leni.
Ich wohnte im ersten Stock; die Eingangstüre mit Hundeklappe
führte über eine Stiege direkt ins Freie, sodass meine Katzen Frei-
gang hatten. Leni saß gerne vor dem Haus auf dem gemauerten
Müll-Haus und ließ sich von Vorbeigehenden streicheln, was ihr
zum Verhängnis wurde. In der nächsten Straße vermisste seit Wochen eine Familie ihren schwarzen Kater und freute sich riesig, da
sie der Meinung waren, ihn soeben gefunden zu haben. Leni ließ

sich auf den Arm nehmen und stieg ohne Probleme ins fremde Auto ein. Im neuen Zuhause sorgte sie für Verwunderung, weil sie sich vor dem schon lange vorhandenen Hund so fürchtete, dass sie für die nächste Zeit unterm Bett Wohnung bezog. „Was muss dieses arme Tier Schlimmes erlebt haben, dass es so verstört ist! Es muss außerdem einen schlimmen Kampf gegeben haben, denn ein kleines Eckchen am Ohr fehlt jetzt!" Geschlechtskontrolle wurde bei Leni keine gemacht, sonst wäre die „Entführung" schnell geklärt worden.

Inzwischen hatte ich begonnen, überall Zettel anzubringen, um den Verbleib meiner Leni zu klären. Ich hätte sie sicher nie mehr bekommen, denn die äußerliche Ähnlichkeit zum vermissten Kater in Sieglanger war wirklich gegeben. Mein Kummer wurde nach zwei Wochen beendet. Da tauchte nämlich bei der neuen Familie von Leni der vermisste Kater wieder auf, weshalb plötzlich zwei schwarze Katzen in der Wohnung waren. Da man meine Vermisstenmeldungen kannte, wurde mir Leni schnell gebracht.

Für mich war nach der Übersiedlung von Rum nach Innsbruck die Beziehung zwischen Kater Mali und Strolchi interessant. Das Verhältnis wurde unglaublich innig und Mali entwickelte immer mehr eine eigene Sprache, die er nur gegenüber Strolchi verwendete. Kam ich mit dem Hund nach Hause, so wurde er von Mali so anschmiegend begrüßt, dass er dabei manchmal umfiel. Dass beide zusammen schliefen, war selbstverständlich. Dieser Kater Mali hatte seine eigene Geschichte: Ich wollte nach Jahren ohne Urlaub oder Pause einmal drei Tage lang nichts vom Tierschutz wissen und buchte einen günstigen 3-Tage-Städteflug nach Malta. Prompt landete ich dort schon am ersten Tag im Tierheim, wo gerade fünf kaum mehr als vier Wochen alte Katzenbabys abgegeben wurden. Es kam eine Familie und nahm vier davon mit. Das letzte hing schreiend vor Hunger am Gitter, es konnte noch nicht selbst fressen (was ich auch für die Abgegebenen vermutete). Ich gab eine große Spende und nahm den Katzenzwerg mit. Im Hotel holte ich mir Kaffeemilch und fütterte den kleinen Mali alle zwei Stunden. Als eine Aufräumerin ins Zimmer kam, warnte sie mich. Ich würde aus dem Hotel geworfen, wenn das jemand mitbekäme.

Auf Malta zählt eine Katze nichts, weil es davon so viele gibt. Sie wurden damals mit Fallen gefangen und im Meer ertränkt. Für die Heimfahrt besorgte ich mir beim Amtstierarzt ein Gesundheitszeugnis und legte Mali in meine Handtasche. Bei der Kontrolle wurde das winzige Kätzchen entdeckt und es gab einen Aufstand, als hätte ich eine Bombe dabei. Ohne verschließbaren Katzenkorb für den Gepäckraum würde man mich nicht mitfliegen lassen.

Es war Sonntag – woher einen Transportkorb nehmen? Zahllose Telefonate verhalfen mir dann zur Nummer vom Tierheim. Auf Grund meiner Spende von einem Monatsgehalt wurde mir der Korb dann gebracht, wobei das Flugzeug Minuten vor dem Abheben war. Mit puterrotem Kopf saß ich im Flugzeug. Wegen der Überbuchung mussten wir nach Hamburg statt nach München fliegen. Das mussten wir Passagiere akzeptieren, aber ein kleines Kätzchen in einer Handtasche war nicht möglich. In Hamburg gab es dann endlich tierfreundliches Personal und die Stewardessen der Lufthansa suchten mir aus allen Gepäckstücken Mali heraus, den ich dann am Schalter füttern konnte und anschließend daheim zu meinen Vierbeinern aufnahm.

Gedankenübertragung

Heute glaube ich an die Möglichkeit einer Gedankenübertragung zwischen Mensch und Hund, was ich durch Strolchi erlebte. Er war ein unglaublich fröhlicher und gleichzeitig anhänglicher Hund, der mit seinen großen Augen auch Menschen begeisterte, die sonst keine Hunde mögen. Ich konnte ihn als meinen Schatten überallhin mitnehmen und bereitete durch ihn nicht nur in Schulen und in Altersheimen Freude.

Ein einziges Mal wollte ich, dass Strolchi wegen der Hitze daheimblieb, und ich überlegte, wie ich das erreichen könnte. Ich stand dabei ruhig vor meiner Küchen-Arbeitsfläche, der Hund lag schlafend hinter einer Wand, ein Direktkontakt war ausgeschlossen. Die Wand befand sich zusätzlich in meinem Rücken. Im gleichen Moment, als ich plante, Strolchi nicht mitzunehmen, schoss er aus dem Schlaf auf und sauste durch die Hundeklappe vor mir ins Freie, was er noch nie getan hatte. Nach dem Motto „Du brauchst nicht glauben, dass ich daheimbleibe!"

Strolchi war 14 Jahre alt, als sein Herz plötzlich schlecht wurde und er Atemprobleme bekam. Er wäre erstickt, wenn ich nicht den Tierarzt zum Einschläfern geholt hätte. Friedlich erlöst lag er mitten im Wohnzimmer und wurde gleichzeitig von Mali gesucht. Der Kater stolperte über den toten Hund fast drüber, doch ohne Leben im Körper erkannte er seinen Freund nicht.

Es heißt ja, dass sowohl beim Menschen als auch beim Tier die Seele nach oben austritt. Zu meinem Bett hinauf bestand in der damaligen Wohnung eine schmale Treppe. Mali lief hinauf und redete oben in seiner „Strolchi-Sprache". Es wirkte wie ein Abschiednehmen und nie wieder verwendete der Kater danach diese Sprache. Warum er – erst sieben Jahre alt – bald danach tot im Garten lag, gehört zu den vielen Dingen in meinem Leben, die

Strolchi mit Mali
aus Malta

Rechte Seite:
Ria nach der
fünften von sechs
Operationen

ich nie begriffen habe. Unter dem Verlust von Strolchi litt ich so, dass ich mich drei Tage im Bett versteckte und nie wieder einen Hund haben wollte.

Vorsatz gebrochen

Diesen Vorsatz beendete eine Tierärztin in Birgitz, die in einem Käfig nach einer Operation einen kleinen, weißen Terrier-Mischling liegen hatte und mir einredete, dass dieser Hund für mich bestimmt sei. Natürlich hatte ich Mitleid, denn das Tier sollte ursprünglich erschlagen werden und war mit schwersten Verletzungen bei der Tierärztin gelandet. Vorerst waren fünf Operationen nötig, bis Ria zu mir nach Hause kam. Die junge Hündin machte nach einigen Tagen bei mir einen Freudensprung, wobei ein Nagel im Bein brach und es zu einer weiteren Operation kam. Ich bekam dann Ria mit der Aussage zurück, dass sie sicher nur drei

bis vier Jahre alt werden würde. Ein deutscher Tier-Neurologe meinte nach Ansicht der Röntgenbilder, dass er keinem Kollegen in Deutschland zugetraut hätte, den Hund zum Gehen zu bringen. Zwar konnte sie nicht länger als 20 Minuten spazieren gehen, trotzdem wurde sie 14 Jahre alt und genoss es, dass ich sie mit dem Auto überallhin mitnahm. Sie war ein ruhiger Hund und der Rücksitz gehörte zu ihren Lieblingsplätzen.

Als Ria fünf Jahre alt war, bat mich eine alte Frau einige Häuser weiter, die Fütterung ihrer drei herrenlosen Katzen zu übernehmen, die seit Jahren abends durch ihren Garten streiften und von ihr versorgt wurden. Ich übernahm das gerne, auch wenn ich nie bei Tageslicht heimkam. Manchmal hörte ich in der Dunkelheit etwas rascheln, aber in meine Nähe kam keine Katze. Nach zehn Monaten war ich zum ersten Mal bei Tageslicht im Garten und mir war sofort klar, dass ich nicht drei, sondern nur eine Katze fütterte. Dieses Riesentier verdrückte eine 400-Gramm-Dose Katzenfutter wie eine Nachspeise für den hohlen Zahn. Der An-

Der zugelaufene
Bomber

blick erinnerte schon sehr an eine Mischung zwischen Luchs und Katze, nicht nur wegen der Zeichnung, sondern auch wegen des stark verkürzten Schwanzes. Der Name Bomber entstand sofort in meinem Kopf und ich fütterte zuverlässig weiter. Nach über einem Jahr ließ sich der Kater während der Fütterung erstmalig streicheln und ich erschrak. Er konnte sich mit seinen eher kurzen Beinen und seinem Speckmantel am Rücken nicht selbst putzen und so war aus seinen Haaren ein dichter, dicker und harter Filz entstanden, der steif wie eine Platte auf dem Rücken lag. Ich hatte schon öfters Verfilzungen von Katzen erlebt, welche dann beim Tierarzt nur unter Narkose entfernt werden konnten. Die Narkose ist nötig, weil die Haut sehr dünn ist und bei jedem Zappeln Verletzungen entstehen.

Ich fütterte Bomber zur Vorbereitung für den Transport zum Tierarzt in einer Lebend-Katzenfalle vorerst bei offener Klappe, damit er sich daran gewöhnen konnte. Nach einer Woche hatte ich es geschafft – der Kater saß in der geschlossenen Falle und blieb dabei cool, indem er einfach weiterfraß. Ich hatte den Tierarzt vorbereitet und schleppte die Falle mit Inhalt zum Auto. In der Ordination angekommen, kam der Käfig auf den OP-Tisch und der Tierarzt öffnete kurz die Klappe zu dem noch immer fressenden Kater. Er knallte sie schnell wieder zu, denn er hatte die Pfoten mit den Krallen gesehen und meinte, dass die Rettung drei menschliche Notfälle abholen müsste, würde uns der Kater attackieren. Oder dass die Ordination verwüstet würde.

Befürchtungen brachten uns nicht weiter, also zogen wir die Futterschüssel aus dem Käfig und Bomber folgte dieser. Damit stand er jetzt frei und fressend in seiner ganzen Größe auf dem Operationstisch. Eine Leitung für eine Narkose zu legen, schien ziemlich risikoreich. Die Chance ergab sich dadurch, dass Bomber immer noch fraß, und es gelang dem Tierarzt tatsächlich, das Rasiergerät einzuschalten, ihm den Rücken ohne Narkose zu scheren und festzustellen, dass er ein kastrierter Kater war. Das inzwischen satte Tier wieder in die Falle zu bekommen, war kein Problem. Ich habe in all den Jahren kaum etwas Komischeres gesehen als das Scheren des fressenden Bombers am OP-Tisch. An diese Geschichte erinnert sich der Tierarzt noch immer lachend.

Ein weiteres Jahr fütterte ich diesen gemütlichen Vierbeiner und erlebte immer wieder Autofahrer, die fassungslos schauten, wenn Bomber auf der Straße ging, ohne je einem Auto Platz zu machen. Auch anderen Tieren – Katzen und Hunden – ging er nicht aus dem Weg. Mit seinen mehr als 11 Kilo wog er dreimal so viel wie die dort lebenden anderen Katzen, die respektvoll eine Rauferei vermieden. Eines Tages zog Bomber durch die Hundeklappe einfach in meine Wohnung ein, als wäre er nie woanders gewesen. Meine Hündin Ria und mich ignorierte er in den ersten zwei Jahren völlig. Er lag einfach irgendwo am Boden und ging nach seinem Gutdünken ein und aus. Wobei ich die ursprüngliche Futterstelle im fremden Garten beibehielt, der Hunger konnte also nicht sein Entschluss sein, bei mir zu wohnen, denn hier bekam er nichts.

Lange suchte ich nach einer kleinen Wohnung mit Garten, die ich 2014 in der Nähe des Innsbrucker Flughafens fand. Ein Makler hatte an die hundert Anmeldungen für eine Gartenwohnung in Innsbruck und sandte sein Angebot an alle Interessenten gleichzeitig aus. Ich hatte seit Monaten gejammert, weil ich zu jeder Gartenwohnung zu spät kam. Eine Hüftoperation war seit Jahren fällig, aber mit Krücken hätte ich Ria nie über die schmale Treppe in meiner Maisonetten-Wohnung tragen können, was manchmal nötig war. Ich brauchte den kleinen Garten. Normalerweise schaute ich vormittags nicht in den Computer. Es war eher eine Intuition, durch die ich das Angebot für eine typische Zweizimmerwohnung von etwa fünfzig Quadratmetern Wohnfläche entdeckte. Der zugehörige Garten ist 150 m² groß, was für eine Stadtwohnung sensationell ist.

Man darf mit den Verkäufern ohne Makler keinen Kontakt aufnehmen, aber ich hatte jetzt die Adresse und fuhr schleunigst hin. Ich konnte in den Garten von außen nirgends hineinschauen, also überstieg ich gegenüber einen Zaun und fand ein Blickloch in der Hecke. Sofort wusste ich, dass das mein gesuchter Garten war. Eine halbe Stunde später saß ich im Büro des Maklers und teilte ihm mit, dass ich den Kaufvertrag sofort unterschreiben würde. Er zweifelte ein wenig an meinem Verstand, denn man konnte doch keine Wohnung kaufen, ohne sie davor gesehen zu haben. Das war für mich unwichtig, denn ich hatte einen Garten mit Schlafmöglichkeit gesucht. Wer in Innsbruck Grünes sucht, weiß die Größe des Gartens zu schätzen. Besonders begeisterte mich die fertige Umzäunung mit Sicherheit für Ria und Bomber. Der Kater mit seinem Gewicht wäre kaum imstande gewesen, die Höhe von Zaun und Mauer zu überwinden, was er auch nie probiert hat. Die Terrassentüre bekam ein Loch für meine beiden Vierbeiner, damit sie ungehindert ein- und ausgehen konnten.

Aber erst einmal galt es, Bomber zu übersiedeln. Er war immer dagegen gewesen, aufgehoben zu werden. Einen übergroßen Korb hatte ich mir schon ausgeliehen und schloss uns beide im Bad ein. Ich musste einfach schnell sein, Bomber hineinheben und den Deckel sofort schließen. Gelungen! Jedoch hatte ich nicht mit den Kräften dieser Katze gerechnet. Bomber war sofort dabei, den Deckel vom Korb zu sprengen. Blitzartig setzte ich mich darauf und war im Prinzip jetzt selbst gefangen. Zum Glück konnte ich mein Handy erreichen und Hilfe holen. Vorerst verschnürten wir den Katzenkorb mit Zerrgurten. Dann kamen zwei große Überzüge darüber. So trugen wir den Kater gemeinsam ins Auto. Die neue Wohnung war nicht weit weg, sodass ich den Kater bald freilassen konnte. Schnell zeigte Bomber, dass er mit der Übersiedlung sehr zufrieden war und genoss Kost und Logis gemeinsam mit seiner vierbeinigen Mitbewohnerin Ria, wobei besonders das Loch in der Terrassentüre begehrt war.

Endlich konnte ich meine Hüfte, die mich jahrelang geplagt hatte, operieren lassen. Nach vier Tagen ging ich nach Hause und nach zwei Wochen konnte ich die Krücken weglassen und mit dem Auto fahren. Mein Bruder aus Baden hatte mir angeboten, nach meiner Rückkehr aus dem Krankenhaus zu mir zu kommen, um mir zu helfen. Ich wollte die ersten zehn Tage alleine sein, freute mich aber auf seinen anschließenden Besuch. Der verlief anders als geplant. Rupert rutschte in Wien am Bahnhof auf der Stiege aus, nachdem sein Koffer vor ihm eine Abfahrt über mehrere Treppen eingeplant hatte. Der Koffer blieb heil, nicht so das Knie meines Bruders. Er wurde in Innsbruck am Bahnhof von der Rettung empfangen und erhielt im Krankenhaus eine Schiene mit Ruhigstellung des abgerissenen Bandes im Knie für zehn Wochen.

Jedenfalls ist das Bein von Rupert ausgeheilt und er kommt öfters nach Innsbruck.

Vor allem wegen unserer Besuche in Fulpmes bei dem bekannten Krippenschnitzer Stefan Lanthaler. Für den passt am besten die Bezeichnung „Urviech", was in Tirol genauso wie in Salzburg höchste Anerkennung bedeutet. Neben dem feinsten Schnitzen der Figuren kommen Erzählungen mit einem unschlagbaren Humor, der die Lachmuskeln ordentlich strapaziert.

Unerklärliches in meinem Leben

Vor einigen Jahren habe ich massiv an meinem Verstand gezweifelt. In meinem Leben gibt es Dinge, für die ich absolut keine Erklärung habe und die mein normalerweise recht bodenständiges Denken überfordern. Meine Mutter war oft verzweifelt darüber, dass ich kein klares Wasser trinken konnte. Es hat mich sofort gewürgt, während Milch, Tee oder Limo kein Problem waren. Ich brauchte irgendeinen Geschmack im Wasser. In meiner Küche stand ich neben meiner Tochter beim Waschbecken und meinte etwas jammernd, dass es eine böse Beeinträchtigung der Lebensqualität sei, kein Wasser trinken zu können. Plötzlich schaute ich sie an mit der spontanen Frage, ob ich vielleicht in einem früheren Leben einmal ertrunken sei. Irgendetwas hat in diesem Moment in meinem Kopf „klick" gemacht und seit damals kann ich Wasser trinken, ohne dass es mich würgt. Eine völlig neue Lebensqualität.

Auch im Zusammenhang mit der Tierkommunikation erlebte ich beweisbare, trotzdem unerklärliche Dinge. Diese Vorfälle interessieren mich besonders, obwohl ich selbst kein geeignetes Medium bin. Selbst in den zwei Kursen für Tierkommunikation schnitt ich von allen Teilnehmern am schlechtesten ab. Zu dem Kurs in Innsbruck hatte mich eine ORF-Moderatorin animiert, den Kurs in Wien hatte mir mein Patensohn Stefan spendiert. Während andere Teilnehmer Ergebnisse hatten, die nachvollziehbar waren, blieb mir bei beiden Kursen jeglicher Erfolg verwehrt. Ein Mann in Wien, der Tierkommunikation für reine Fantasie hielt und nur seiner Frau zuliebe dabei war, erreichte überraschenderweise meinen Bomber und bekam einige Bilder, die mir ganz einfach die fehlende Zeit zwischen seinem Aussetzen beim Tierheim und der Zeit bis zum Auftauchen in meiner Straße erklärten, in welcher er mehr als zehn Jahre als herrenloser Kater lebte. Die Beschreibung war sehr genau und logisch, ich selbst wäre ich nie auf eine erwähnte Zwischenzeit in einem Bauernhof gekommen. Auch das Bild der beschriebenen Person passte perfekt. Meine eigenen Misserfolge in der Tierkommunikation erkläre ich mir damit, dass in meinem Kopf einfach nicht die Ruhe entsteht, um mit einem Tier in einen gedanklichen Kontakt zu kommen.

Dass Tierkommunikation bei guten Medien funktioniert, hatte ich schon früher erlebt, wobei ich recht misstrauisch bin und viele „Botschaften" für Fantasie halte. In zwei Fällen waren die Fakten allerdings so eindeutig, dass kein Kriminalist einen Irrtum gefunden hätte.

Ehrenamtliche Hospizarbeit

Mein übergroßes Engagement für notleidende Tiere ließ mich manchmal die Vernunft verlieren. Ich merkte, dass ich nichts anderes mehr denken konnte, Fernseher hatte ich aus Zeitgründen sowieso keinen. Ich wollte irgendetwas gegen die entstandenen Scheuklappen tun. Da ich mich auf Grund eines Buches von Frau Dr. Kübler-Ross schon als 20-Jährige mit dem Tod beschäftigt hatte, bot sich für mich die Ausbildung für Ehrenamtliche in der Hospizgemeinschaft an. Ich war davor innerhalb von elf Jahren insgesamt bei fünf Menschen am Ende ihres Lebens anwesend gewesen.

Besonders in zwei Fällen konnte ich nicht nur Frieden, sondern Freude am Sterbebett vermitteln. Eine ältere Bekannte hatte sich zu Lebzeiten immer gewünscht, dass ich ihr vorsingen sollte, was mir unangenehm gewesen wäre. In den letzten Stunden ihres Lebens bin ich jedoch über meinen Schatten gesprungen und habe ich sie singend bis zuletzt begleitet. Eine andere Freude vor dem Übergang in eine andere Dimension durfte ich durch meinen Strolchi vermitteln. Die behandelnde Ärztin einer Freundin wusste von mir und meinem Hund, der die große Liebe der Patientin war, und bat mich, Strolchi in die Klinik zu schmuggeln. Das gelang und ich blieb 48 Stunden mit dem Hund bei der Freundin, von den wenigen Momenten des Gassigehens über den Hinterausgang abgesehen. Das letzte Lächeln meiner Freundin galt Strolchi.

In der Ausbildung als ehrenamtliche Hospizhelfer waren wir fünfzehn Idealisten/innen, die bereits fast alle eine nahe Erfahrung mit dem Sterben gemacht hatten. Um nicht in den Verdacht zu kommen, es auf Legate für das Tierheim abgesehen zu haben, suchte ich vom ersten Moment an für die vorgeschriebene Praxis ein Altersheim. Ich fand es in Unterperfuss, wo ich mich sieben Jahre lang einmal pro Woche darauf freute, alte Menschen zum Lächeln zu bringen. Mit Gitarre, Klangschale und Mundharmonika oder einfach durch Gespräch und Anwesenheit. Weil ich nach Unterperfuss ein Auto brauche und dessen Verwendung reduzieren will, habe ich inzwischen zu einem Heim in Innsbruck gewechselt, wo ich mit Fahrrad oder Bus hinkommen kann. Das Spielen der uralten Schlager mit der Mundharmonika macht mir selbst großen Spaß. Im Heim strahlen die Gesichter bei Erinnerungen an Freddy Quinn, Peter Kraus, Peter Alexander, Lale Andersen, Caterina Valente und wie sie alle heißen, genauso wie beim Erklingen alter Volkslieder. Es ist immer wieder überraschend, wie gut Dinge aus der Jugendzeit im Kopf gespeichert sind.

NEUE KONTAKTE UND
NEUE AUFGABEN

Mit dem Ende meiner Arbeit im Tierschutzverein hat mein Leben eine für mich ungewöhnliche Wendung bekommen, denn plötzlich hatte ich Zeit. Die verwendete ich die ersten Jahre für etwas, wozu ich 25 Jahre lang nicht gekommen war: Lesen – Lesen – und nochmals Lesen. Anfangs war diese Freiheit der Zeiteinteilung ein komisches Gefühl. An ein ruhiges Sitzen im Garten mit dem Lauschen der Umweltgeräusche musste ich mich erst gewöhnen. Ich wohne nicht gerade leise, empfinde das aber als Leben, wie es zur Stadt gehört mit Autos, Jugendlichen und an der Haltestelle diskutierenden Menschen, die nicht wissen, dass hinter der Mauer mein Garten liegt. Viel intensiver höre ich im Garten etwas Schönes: Amseln und Spatzen, im Sommer summende Bienen an den Blüten des wuchernden Weins und des Efeus und im Herbst das Rascheln meines „Haus-Igels" auf seinem Beutezug durch die Insektenwelt. Dazu vermittelt Kater Bomber wie immer schon eine unglaubliche Ruhe. Erst jetzt, mit seinen zwanzig Jahren, kann er seine Zuneigung zeigen. Nicht nur durch leises Schnurren oder Schmusen, sondern durch das Suchen meiner Nähe. Miauen kann er nicht, seine Töne ähneln eher einer Ziege oder einem Schaf. Er schläft viel und wenn er wach ist, zeigt er mir Freude an meiner Anwesenheit. Ich denke nicht gerne daran, dass sich dieser, in seinem Verhalten so ungewöhnliche und oft komische Kater, wie alle meine anderen Tiere, von mir für immer verabschieden wird. Dass jede Seele weiterexistiert, ist für mich logisch, auch wenn ich über das Wie und das Wo nichts weiß. Ich freu mich jedenfalls über meine Meinung, dass ich jeder Seele, die meine Liebe besaß, wiederbegegnen werde.

Für mein Helfer-Syndrom hat sich etwas ganz Neues ergeben: ehrenamtliche Mitarbeit bei der „Kostenlosen Nachhilfe" für Kinder mit Lernschwierigkeiten, aber ohne finanzielle Möglichkeiten. Ich habe zum Glück mit dem Kopfrechnen nie aufgehört

– dass ich dabei langsamer geworden bin, kann ich meinen Volks-
schülern noch gut verheimlichen. Diese Nachhilfe ist ein guter
Ausgleich für meine Besuche im Altersheim.

Immer noch schreibe ich einmal in der Woche Heiteres aus der
Tierwelt für die Tiroler Tageszeitung und genieße es, dass mich
wildfremde Menschen dafür begeistert ansprechen und lustige
Erlebnisse berichten, die ich für die Zeitung verwenden kann. Es
geht dabei um wahre „Hoppalas" zwischen Mensch und Tier, egal
ob mit Maus, Vogel, Katze, Hund oder anderen Tieren. Ich hoffe,
dass mich weiterhin Tierfreunde mit ihren witzigen Erlebnissen
versorgen.

Die wirkliche Veränderung zum Guten ist der Abbau von Chaos
in meinem Kopf. Immer wollte ich mehrere Dinge gleichzeitig erledigen, das war für meine Mitmenschen sicher nicht angenehm.
Damit verhinderte ich so nebenbei den geheimen Wunsch nach
meiner Scheidung, einen neuen Partner zu finden. Mein Weg war
ein anderer.

Ich will nicht behaupten, dass mich mein Alter weise gemacht hat,
aber es zeigt mir, dass viele Dinge, die mich früher aus der Fassung brachten, heute einen anderen Stellenwert haben. Ich habe
gelernt, dass ich das Problem eines anderen Menschen nicht so
schnell zu meinem eigenen machen darf, anstatt dieser Person
Mut zu machen, selbst eine Lösung zu finden. Natürlich gibt es
Tierbesitzer, denen Mut nichts nützt und die praktische Hilfe,
zum Beispiel bei entlaufenen Katzen, brauchen. Dass diese Diskussionen zur Selbsthilfe bei Tierproblemen oft funktionieren,
macht mir Freude. Es ist immer noch ein beglückendes Gefühl
– meist mit Unterstützung anderer Tierfreunde –, für Tiere erfolgreich Gutes zu tun. Ich danke all den vielen Menschen, die es
mir so lange ermöglicht haben, Erfolg zu haben, wobei es derzeit

Roland und Corinna lieben den Achensee und die Berge.

die „Samtpfoten-Martina" ist, ohne die ich arme und herrenlose
Tiere nicht unterbringen könnte.

Hektik ade – ich habe jetzt Zeit zum Tischtennisspielen und segle
weiterhin mit meiner Leisure 17 am Achensee jedes Jahr einige
Regatten. Mit diesem alten Schiff bin ich eigentlich immer Letzte
und werde im Ziel mit einem doppelten Schuss begrüßt. Nur wegen meines Segelns am Achensee brauche ich unbedingt meinen
Polo, mit dem ich einen Freundschaftsvertrag habe. Derzeit hat
er 240.000 Kilometer auf dem Buckel, wir werden gemeinsam die
400.000 Kilometer schaffen.

Nicht so toll empfinde ich das natürliche Nachlassen der Spei-
cherung von Terminen in meinen Gehirngängen. Früher brauchte
ich kein Notizbuch, auch bei den Bauten hatte ich alles Nötige im
Kopf. Aufschreiben hätte doch nur Zeit gekostet. Jetzt geht ohne
Kalender zum Merken nichts mehr. Wobei ich mich inzwischen

wenigstens daran gewöhnt habe, auf diese Notizen zu schauen. Ich glaube, dass noch etwas Neues auf mich zukommt, und trainiere mich, dem Kalender die Bedeutung zu geben, die er verdient.

Dankbar bin ich für meine zwei Kinder, die mich regelmäßig kontaktieren, auch wenn das nicht immer so war. Mütter machen Fehler – meiner war vor lauter Tierschutz eine Blindheit gegenüber der Tatsache, dass auch die bereits erwachsenen Kinder meine Zeit gerne gehabt hätten. Ich war der falschen Meinung, dass es gut sei, mich kaum zu melden und nicht zu den Müttern zu gehören, die den Kindern durch Neugier auf die Nerven gehen. Mein Verhalten wurde als Interesselosigkeit gesehen, was ich erst in den letzten Jahren kapiert habe. Dafür verstehen Barbara und Roland heute, warum ich bei meinem Engagement im Tierschutz nicht zu bremsen war.

Nehme ich die beiden Enkelkinder Leo und Lara dazu, so habe ich meine gesamten Verwandten in Tirol aufgezählt, wozu noch Corinna, die zweite Ehefrau von Roland, kommt. Roland erlebe ich derzeit besonders gestresst, weil der neben dem vollen Einsatz im Berufsleben für sein nachträgliches Studium der Betriebswirtschaft intensiv lernen muss, was von seiner viel jüngeren Frau oft Verzicht auf ersehnte Unternehmungen verlangt. Der berufliche Erfolg von Corinna ist beeindruckend, mehr Freizeit mit Roland wäre ihr jedoch genauso wichtig. Dass sie damit bis zum – glücklicherweise baldigen – Ende des Studiums warten muss, ist ihr bewusst. Trotzdem lässt sich die Enttäuschung darüber nicht immer verheimlichen, zumal Corinna aus Niederösterreich kommt und damit die Familie weit weg ist.

Auch meine Tochter strebt eine Weiterbildung neben ihrer Arbeit als Programmiererin an. Sie sitzt den ganzen Tag vorm Bildschirm und hätte so gerne mehr Verbindung zur Natur. Die erhoffte Ausbildung zur landwirtschaftlichen Facharbeiterin macht wegen der geforderten Praxis Schwierigkeiten. Sie sucht aber noch andere Möglichkeiten für Weiterbildung in Verbindung mit der Natur.

Durch das Segeln zum Kirchenchor

Eigentlich wollte ich nicht mehr in einem Kirchenchor singen, weil mich die Proben für Messen nervten. Trotzdem waren die acht Jahre im Chor von Innsbruck-Sieglanger eine sehr schöne Zeit unter netten Menschen. Nach einigen Jahren Pause passierte es am Achensee, dass ich den Vorsatz gegen das Messe-Singen gebrochen habe. Georg, ein besonders netter Segelkollege, ist Chorleiter und Organist im kleinen Dorf Patsch nahe Innsbruck und hat mich überredet, doch zum Singen zu kommen. Damit bin ich als Evangelische zum dritten Mal in einem katholischen Kirchenchor. Als ich das erste Mal zur Probe auftauchte, traute ich meinen Augen nicht. Georg saß am elektronischen Instrument und anwesend waren vier Sänger – zwei Soprane und zwei Bässe. Ich fragte, wo der Alt sei. „Das bist du, das genügt ja." Meine Frage, ob er spinne, wurde mit Lachen und der Aussage beantwortet, dass ich das schon lernen würde. Na ja, so falsch war die Aussage nicht. Davor war ich beim Singen „Mitläuferin" gewesen und hatte die Verantwortung für richtige Töne den anderen überlassen. Inzwischen gelingt es mir normalerweise, die am Notenblatt stehenden Töne richtig zu erzeugen. Inzwischen ist der Chor größer geworden und ich genieße ihn und die Gemeinschaft, zumal ich beim Alt nicht mehr alleine bin.

Ungewohnt waren für mich die Prozessionen, wo ich erst einmal Vorurteile abbauen musste. Ich habe sie in Innsbruck als reine Touristenattraktion empfunden. Anders im Dorf in Patsch.

Dort habe ich das Gefühl, dass wirklich jeder Dorfbewohner zur Prozession gehört. Einige sind in mehreren Funktionen eingeteilt und springen schnell mal zwischen Chor, den Schützen oder einem anderen Verein hin und her. Dass alle in Tracht sind, versteht sich und ergibt ein wunderschönes Bild, sowohl durch die Männer als auch durch die Frauen und Kinder. Was mich besonders freut, ist, dass es keine Zuschauer gibt. Es wird das Brauchtum nach alter Tradition aus dem Herzen der Bewohner gepflegt.

Gabi

Ein ganz besonderer menschlicher Gewinn ist für mich Gabi, die blind ist. Von ihr habe ich gelernt, dass Fröhlichkeit und Dankbarkeit von den Lebensumständen unabhängig sind. Sie ist von Kindheit an zuckerkrank und mit 30 Jahren völlig erblindet. Keine der danach noch folgenden Katastrophen haben ihren Lebenswillen zerstören können. Mitbeteiligt an ihrem Humor, der Fröhlichkeit und dem Temperament ist ihr Blindenhund „Rauli", mit dem sie täglich stundenlang unterwegs ist.

An einem sonnigen Tag ging Gabi bei Innsbruck spazieren und ließ Rauli freilaufen, während sie sich selbst mit dem Blindenstock orientierte. Rauli liebt alle Menschen und begrüßt sie gerne. Da hörte Gabi ein verärgertes Schimpfen von einem Urlauberehepaar, das sich bitter darüber beschwerte, dass hier ein freilaufender Hund unterwegs war. „Da kommen wir hierher auf Urlaub und müssen uns belästigen lassen." Gabi entschuldigte sich vielfach und brachte ihr Verständnis für die Verärgerung zum Ausdruck. Das jedoch nicht ohne die abschließende Bemerkung: „Sie sehen ja, dass ich blind bin. Leider habe ich nicht bemerkt, dass hier freilaufende Deutsche unterwegs sind!"

Mit Gabi vor der Hütten-Speiskarte, die ich nicht wahrgenommen hatte.

Dass Gabi mittels sprechendem Computer ein Buch geschrieben hat und im Unterschied zu mir auf Facebook regelmäßig aktiv ist, ist genauso bemerkenswert wie ihr Stricken von Teddybären und Backen von Kuchen. Manchmal wird wegen ihrer Fähigkeiten an ihrer totalen Blindheit gezweifelt, aber mit einem Glasauge hat bisher noch niemand sehen können. Ehrenamtlich engagiert sie sich in ihrer Gemeinde durch Märchenstunden, organisiert Wanderwochen, geht mit dem Hund in Kindergärten und erklärt, dass man einen Blindenhund im Führgeschirr weder anreden noch angreifen soll.

Bei einem Ausflug im März wollte ich mit ihr auf die „Stöttl-Alm" in Mieming spazieren, worüber wir heute noch lachen. Der Schnee war gerade auf den Wegen geschmolzen, die Wanderung auf die Alm dauert normalerweise 30 Minuten. Auch Rauli sollte

Kurze Erklärung für Gabi, bevor es losgeht

den Ausflug ohne Führgeschirr genießen, Gabi ging mit dem Blindenstock. Wir plauderten und ich sah auf keine Uhr, wunderte mich nur darüber, dass der Weg immer schlechter und vor allem auch eisig wurde. Aber wir hatten uns ja inzwischen gegenseitig am Arm. Nach einiger Zeit kam uns eine Dame entgegen, die uns fragte, wohin wir wollten. „Auf die Stöttl-Alm." Fassungslos sah sie mich an und meinte, dass wir daran schon längst vorbei seien. Ich hatte diese übersehen, obwohl am Wegrand eine große Tafel mit der Speisekarte aufgestellt war. Dazu sieht man auch die Alm selbst vom Weg aus. Wer war hier eigentlich blind? Gabi oder ich?

Gabi wusste, dass mir der Achensee die liebste Gegend ist. Sie träumte davon, mit mir zu segeln. Ich bat meinen Vorschoter, mir bei der Erfüllung dieses Wunsches zu helfen. Dieses Mitsegeln gefiel Gabi so gut, dass sie mich später bat, mit ihr alleine zu segeln, weil sie das Vorsegel selbst bedienen wollte, um dabei die Reaktion vom Wind fühlen zu können. Wir schafften auch das, sogar bei gutem Wind.

Serpentinen gehören zu meinem Leben

Am Berg und beim Segeln gibt es optische Serpentinen. Sie geschehen aber auch unsichtbar im alltäglichen Leben mit dem vielen Hin und Her. Ohne meinen Schutzengel hätte ich dieses Buch nicht schreiben können. Er war vor zwei Jahren in einer ungewöhnlichen Situation aufmerksam. Anscheinend war ich auf der anderen Seite des Lebens noch nicht erwünscht, dabei war ich diesmal besonders knapp daran. Ich hatte einen Infekt und legte mich mit einem Hustenbonbon ins Bett. Dieses kam in die Luftröhre, die sich durch einen Krampf fest verschloss. Ich setzte mich auf und rang verzweifelt nach Luft. An den Armen entstanden erst unzählige kleine rote Punkte, danach wurden die Hände blau. Dabei war das Hustenbonbon schon herausgehustet, der Luftröhrenkrampf blieb aber bestehen. Wie mir mein HNO-Arzt danach erklärte, war wegen der Verschleimung der Luftröhre in meinem Hirn nicht angekommen, dass der Krampf gelöst werden könnte. Irgendwann kam der Kopf-Computer zur Vernunft und ich bekam mit einem laut pfeifenden Geräusch langsam nur wenig Luft. Ich hatte mit meinem Leben schon abgeschlossen. Hilfe hätte ich keine holen können, das Ringen nach Luft erlaubt keinen einzigen Schritt. Unter Schock war nicht nur ich, sondern auch meine Hündin Ria, die sich danach 24 Stunden lang versteckte. Seither feiere ich jedes Jahr einen zusätzlichen Geburtstag. Diesen Vorfall erzähle ich als Warnung, denn an eine Lebensgefahr durch ein Hustenbonbon im Bett denkt sicher niemand.

Eine Warnung, die mich nie davor erreicht hatte, ist die hohe Giftigkeit der Beeren vom Efeu. Pflanzen, die über zehn Jahre alt sind, blühen im Herbst und haben dann im Frühjahr die meist violett-roten Beeren. Ich hielt sie für hohe Vitamin-C-Träger wie die vom wilden Wein und aß einige davon. Sie waren zwar bitter, dass bereits drei davon tödlich sein können, war mir aber nicht bekannt. Mir wurde nur schwindelig, ich ging schwankend ins Haus und ließ mich aufs Bett fallen, wo ich vier Stunden lang in einen Tiefschlaf fiel.

Mein Schutzengel war auch anwesend, als ich in der alten Tenne am Beginn des Aufgangs zur Burg Ehrenberg bei Reutte Lebendfallen zum Einfangen der Katzen aufgestellt hatte. Nach vorne gebückt gab ich gerade Futter hinein, als der morsche Boden mit mir durchbrach. Es ging dort weit hinunter. Unten waren sehr große Fenster mit Glas aufgestellt, auf deren Holzrahmen ich landete. Wären sie nicht senkrecht gestanden, hätte ich viele der Scheiben durchschlagen. Wieder einmal durfte ich erleichtert „Danke" sagen.

Mein jüngstes „Danke" ist nicht lange her. Im Herbst musste mein Schiff am Achensee aus dem Wasser geholt werden, um es am Clubgelände einzuwintern. Mein Sohn Roland und ein Freund halfen mir beim Umgang mit dem Kran, es gab ein Problem beim Anlegen der Gurte am Unterwasserschiff. Roland wollte mir das vom Steg aus zeigen. Dabei trat ich zurück und übersah eine Stufe. Ich fiel nach hinten ins Wasser, was normalerweise außer nassem Gewand kein Problem ist. Ich schlug aber beim Sturz mit dem Oberkiefer heftig auf einer Kante des Bootes auf, was äußerst schmerzhaft war. Interessant der Gedanke unter Wasser: „Wenn ich jetzt wegen des Schmerzes bewusstlos werde, komme ich nicht mehr hinauf." Dass der harte Schlag auf den Oberkiefer zu keinem Bruch führte, sehe ich als Schutz durch meinen unbekannten, unsichtbaren Begleiter einer anderen Dimension. Vor einem kräftigen Bluterguss im Gesicht und der geschwollenen Backe wurde ich trotzdem nicht bewahrt. Jedenfalls hatte ich auf der rechten Gesichtshälfte einige Tage keine Falten mehr. Es war trotzdem keine empfehlenswerte Schönheitsbehandlung, wobei der Vorfall ein sehenswertes „Hoppala" für YouTube abgegeben hätte.

Dankbar bin ich für Menschen aus meiner Zeit im Tierschutzverein. Dabei ist die Bilanzbuchhalterin Margi nicht wegzudenken. Völlig überraschend landete sie aus gesundheitlichen Gründen gleich für eine Woche auf der Intensivstation, doch auch dort war ihr Humor nie gefährdet. Nie werde ich ihren Auftritt anlässlich ihres 50. Geburtstags vergessen. Um Mitternacht schwebte sie, die alles andere als schlank ist, bei mystischer Beleuchtung mit Flügeln herein und legte einen tollen Bauchtanz hin.

Einen lieben und gescheiten Bekannten in Innsbruck – Ratgeber für meine Tochter und für mich – kann ich immer wieder mit meinem Unwissen erschrecken. Meine zwanzig Jahre ohne Fernseher taten den Nerven gut, aber nicht der Allgemeinbildung. Für etwas Kultur bei Barbara und mir hat dieser Bekannte manchmal gesorgt. Wie durch eine Einladung in die Oper „Martha" in München oder einen Ausflug ins Benediktinerkloster in Marienberg in Südtirol. Dort befinden sich die schönsten Engel, die ich je auf einem Deckengemälde gesehen habe. Das Bild ist fast tausend Jahre alt und zeigt die „blauen Engel" in mystischer Gestalt. Seit zwanzig Jahren telefoniere ich regelmäßig mit diesem Mann, dessen Wissen Lexikon-Charakter hat. Von seinem Garten bekomme ich oft Küchen-Kräuter geschenkt und trockne diese, zusammengemischt in einem Stoffsack. Danach zerreibe ich die Kräuter und bekomme einen mir schmeckenden, unkonventionellen Tee, den ich jedoch Besuchern vorsichtshalber nicht anbiete.

Für die nächsten Sommer habe ich mir vorgenommen, ein befreundetes Kräuter-Ehepaar in Natters vermehrt zu besuchen, um mir auch einige Pflanzennamen zu merken. Vielleicht habe ich dabei mehr Erfolg als mit dem Merken neuer Namen von Menschen. Wenigstens habe ich eine gewisse Fähigkeit entwickelt, mir das Entfallen von Namen nicht anmerken zu lassen. (Hoffentlich wird das nach dieser Aussage nicht zu viel an mir getestet.)

Vor meiner Übersiedlung in die Nähe des Flughafens wohnte ich in Innsbruck-Klosteranger. Dort war ich einige Zeit Hausmeisterin und wurde oft vom Wettergott benachteiligt. Immer schneite es nachts, sodass ich noch vor sechs Uhr Schnee schaufeln musste. Im Sommer wurde ich durch das Lob für meine Blumenbeete von Susan, die unter mir wohnte, entschädigt. Die hübsche Saxophonistin gründete die „Hochzeitsredner Tirol" mit dem Erfolg, den Jungunternehmerpreis des Jahres 2014 zu bekommen. Als Reserve-Mitarbeiterin bin ich zumindest am Papier dabei. Unsere gemeinsamen Katzenerlebnisse würden Seiten füllen.

Oft werde ich gefragt, ob ich nach meinem Weggang vom Tierschutzverein leiden würde, da ich ja sichtlich Freude an der Aufgabe hatte. Nein – kein Abschiedsschmerz!!! Es tut mir zwar leid, dass ich den Austausch von kompetenten Mitarbeitern im Tierheim nicht verhindern konnte, mein Rad der Zeit wollte ich nicht durch „Sesselkleben" anhalten. Wichtig ist, dass ich nach meinem Abgang gute Finanzen hinterlassen habe. Ich hatte den Verein 1989 mit hohen Schulden übernommen, die Tierheime gebaut und großes Glück gehabt, dass jedes Risiko zum gewünschten Erfolg führte. Durch die inzwischen gestiegene Bedeutung der Tierschutzarbeit hätte ich heute sicher viel mehr Mitstreiter als früher.

Dank an mein Leben

Eigentlich habe ich genügend Gründe zum Feiern. Ich wohne in einer kleinen Wohnung mit einem relativ großen Garten und möchte mit niemandem tauschen. In diesem Häuserblock ist jeder zu jedem freundlich. Wenn mein Tischtennistisch (leider eher selten) in Betrieb ist, habe ich in meinem Kater Bomber einen interessierten Zuschauer.

Ein ganz besonderer Dank an mein Schicksal ist der, dass sich die jedes Mal vor dem Bau eines Tierheimes angekündigten Katastrophen nie erfüllt haben. Der Stress war meist so groß, dass ich keine Zeit für Angst hatte. Sorgen gab es ja genug, trotzdem fanden sich immer Menschen, die mir in einer Krise Mut machten. Verändert hat sich mein Leben vor allem durch das Privileg, mir meine Zeit selbst einteilen zu können. Trotz etlicher Verletzungen bei Einsätzen bin ich in einem Zustand, der mir alle Freiheiten entsprechend meinem Alter lässt. Ich kann gehen, sehen, segeln, singen und denken (Letzteres nicht immer besonders erfolgreich). Neun Brüche sind ohne bleibende Schäden verheilt und von zwölf Operationen ist nur bei einer ein Fehler passiert, mit dem ich inzwischen zu leben gelernt habe. Mein Aussehen entspricht meinem Alter, was ich als ideal für eine innere Zufriedenheit empfinde. Ich war nie von Eitelkeit geplagt, zumal mir meine Großmutter als Kind verboten hatte, in den Spiegel zu schauen. Davon würde man nur selbstsüchtig werden.

Der schlimmste Verlust eines Menschen war der Tod meiner so liebevollen Mutter mit 76 Jahren, die sich als Kriegerwitwe trotz chronischer Krankheit tapfer mit ihren beiden Kindern durchgeschlagen hatte. Während sie mich als Kind schmunzelnd als schusselig bezeichnete, litt sie später unter meiner Hektik und brachte dies auch häufig zum Ausdruck. Ich bedaure heute zu-

Gut, dass ich Linkshänderin bin, denn der Gips war rechts.

tiefst, mir kaum Zeit für sie genommen zu haben. Meine Mutter hätte sich in ihren letzten Lebensjahren über mehr Zuwendung trotz ihrer Bescheidenheit wirklich gefreut. Stattdessen hatte ich ständig den Aufbau des Tierschutzvereins im Kopf, was sie in ihrer Selbstlosigkeit als richtig empfand. Glücklich bin ich darüber, dass wir am Ende ihres Lebens in inniger Liebe auseinandergehen durften.

Auch der Tod von Menschen aus meinem Freundeskreis ging an mir nie spurlos vorbei, egal ob durch Unfall oder Krankheit. Als ich selbst vor einigen Jahren die Diagnose „Schwarzer Hautkrebs" am Rücken bekam, empfand ich trotz der ärztlichen Aussage von nur fünfzig Prozent Überlebenschance keine Sorge. Meinen Gedanken weiß ich noch genau: „O. k., ich habe in 70 Jahren mehr erlebt als andere mit 120, ich kann abtreten, denn meine Kinder sind selbstständig." Erst als mir Ria und Bomber in den Sinn kamen, wusste ich, dass ich mental siegen wollte, was nach den zwei Operationen auch gelang. Ria lebt leider nicht mehr, dafür zeigt mir Bomber erst jetzt mit seinen zwanzig Jahren seine Liebe. Er ist ein außergewöhnlicher Kater, also erhoffe ich für ihn das Erreichen eines außergewöhnlichen Alters.

Meine Versuche, aus mir einen Menschen mit Geduld zu machen, funktionieren noch nicht besonders gut, die Hoffnung besteht trotzdem. Eine weitere Hoffnung ist, dass mir der Humor erhalten bleibt. Ich möchte immer schmunzeln können, wenn ich zwei verschiedene Schuhe anziehe, die Geldtasche im Kühlschrank suche, das Honigbrot salze, die Brille in der Blumenvase vermute und im Lokal die falsche Jacke mitnehme. Und wenn ich im Regen spazieren war und erst daheim merke, dass ich einen Schirm dabeigehabt hätte, möchte ich lachen können.

Für mich sind christliche Werte, der tiefe Glaube an die göttliche Liebe und die Unendlichkeit ein wunderbares Geschenk. Weil ich es nicht ausschließe, noch einmal auf diese Erde zu kommen, bin ich die Zweifel an der Gerechtigkeit des Lebens los. Es ist unwichtig, ob das stimmt oder nicht. Es wäre für mich die biblische Gnade, dass ich alles, was ich falsch gemacht habe, irgendwann in einem Leben anderer Art ausbessern darf. Ich interessiere mich für verschiedene Religionen und fühle mich überall dort daheim, wo liebevolle Menschen mit Idealen und ohne Fanatismus zusammenkommen. Für mein Leben danke ich und sehe inzwischen viele Möglichkeiten der Freude draußen in der Natur, wobei mein Interesse an Bäumen und Vögeln intensiv wächst. Immer verbindet sich das mit dankbarer Bewunderung einer göttlichen Macht.

Liebe zu empfinden für Menschen, die mir bewusst geschadet haben, schaffe ich ehrlicherweise noch nicht wirklich. Da muss ich noch viel lernen, um dieses Ziel zu erreichen. Wer gegen mich gearbeitet hat, wird von seiner Warte aus einen Grund dazu gehabt haben. So habe ich auch mit schlimmen Erfahrungen Frieden geschlossen. Was mich nicht daran hindert, Negatives aufzuzeigen, wenn ich damit auf eine positive Änderung hoffen kann.

Noch habe ich spezielle Wünsche:

1.) Meinem Kater Bomber beibringen, dass man um sechs Uhr früh keinen Hunger hat.
2.) Mit Kindern und alten Menschen lachen.
3.) Weder abnehmen noch zunehmen, damit ich mich nicht mit neuer Mode befassen muss.
4.) Eine direkte Busverbindung von Innsbruck zum Achensee
5.) Ein Lokal finden, wo es gute „Salzburger Nockerln" gibt.
6.) Einen Zauberspruch gegen unerwarteten Regen beim Radfahren.
7.) Mit Menschen reden, die meinen Horizont erweitern.
8.) Weiterhin heitere Tier-Erlebnisse für mein Schreiben in der TT erzählt bekommen.
9.) Meine Kinder und meinen Freundeskreis glücklich und gesund erleben.
10.) Meine Lebens-Serpentinen dankbar in Richtung Gipfel lenken.

In Serpentinen am Wind

Weil ich kein ängstlicher Mensch bin, darf ich das Schicksal der Menschen, die ich besonders liebe, in die Begleitung ihrer eigenen Schutzengel legen. Gegen die Zerstörung unserer Umwelt kann ich nur mit eigenem Verhalten ankämpfen und gegen politische Entgleisungen bin ich machtlos. Es liegt an mir selbst, Freude am Leben und den Glauben an eine lebenswerte Zukunft zu bewahren, denn es gibt Generationen, die viel Schlimmeres überstanden haben. Auch sie fanden ihre Kraft durch die Wunder, die wir in der Schöpfung erleben können, wenn wir die Augen offenhalten. Ein letzter Dank der Freude erfüllt mich dafür, dass Sie es – wie von mir erhofft – geschafft haben, dieses Buch zu Ende zu lesen, und das hoffentlich nicht bereuen.

Ihre
Inge Welzig

Tierisches Register

Adele (Igel)
Aika (Riesenschnauzer-Hündin)
Betty (Igel)
Bomber (Riesenkater)
Felix (Igel)
Hektor (Igel)
James (Igel)
Jamie (Hund)
Lilly (Katze)
Mali (Kater)
Mina (Katze)
Peterle (Kater)
Rasi (Igel)
Rauli (Blindenhund)
Reili (Katze)
Ria (Hund)
Senta (Schäfer)
Sili (Katze)
Simba (Löwe)
Stöpsel (Pony)
Strolchi (Hund)
Thusnelda (Schildkröte)
Theo (Schildkröte)

Gefördert von   Tiroler Tageszeitung

Die Drucklegung dieses Werkes wurde unterstützt durch die Abteilung Kultur
im Amt der Tiroler Landesregierung, die Stadt Innsbruck, die Tiroler Tageszeitung
sowie durch den Schindlhof, Fritzens (Tirol).

Mitglied der Verlagsgruppe „engagement"